柴油发动机构造与维修

主　编　徐西安　范志丹
副主编　王新铭　高文智　徐金花
主　审　姬东霞　王丽霞

北京理工大学出版社
BEIJING INSTITUTE OF TECHNOLOGY PRESS

版权专有 侵权必究

图书在版编目（CIP）数据

柴油发动机构造与维修/徐西安，范志丹主编. —北京：北京理工大学出版社，2011.6（2020.7 重印）

ISBN 978-7-5640-4561-6

Ⅰ. ①柴… Ⅱ. ①徐…②范… Ⅲ. ①柴油机-构造②柴油机-维修 Ⅳ. ①TK42

中国版本图书馆 CIP 数据核字（2011）第 092571 号

出版发行 /	北京理工大学出版社
社　　址 /	北京市海淀区中关村南大街 5 号
邮　　编 /	100081
电　　话 /	（010）68914775（办公室）68944990（批销中心）68911084（读者服务部）
网　　址 /	http://www.bitpress.com.cn
经　　销 /	全国各地新华书店
印　　刷 /	三河市华骏印务包装有限公司
开　　本 /	710 毫米×1000 毫米　1/16
印　　张 /	13.5
字　　数 /	246 千字
版　　次 /	2011 年 6 月第 1 版　2020 年 7 月第 4 次印刷
定　　价 /	35.00 元

责任校对 / 周瑞红
责任印制 / 边心超

图书出现印装质量问题，本社负责调换

面向"十二五"高职高专规划教材·汽车类教材编写委员会成员名单

（按姓氏笔画排序）

主　　任：李春明
执行主任：焦传君
副 主 任：刘　锐　　赵　宇　　张贺隆
委　　员：马明金　　马骊歌　　于天宝　　王　梅　　王　扬
　　　　　王俊喜　　石　虹　　刘利胜　　孙志刚　　李明月
　　　　　李　萌　　张传慧　　张　军　　陈位铭　　范志丹
　　　　　林朝辉　　依志国　　周建勋　　赵晓宛　　胡　伟
　　　　　战立志　　夏志华　　徐西安　　徐静航　　常兴华
　　　　　韩　东　　韩清林

特邀审稿顾问

（按姓氏笔画排序）

成玉莲　　刘金华　　关　振　　孙雪梅　　张　颖　　徐　涛

出 版 说 明

汽车产业是国民经济重要的支柱产业，产业链长、关联度高、就业面广、消费拉动大，在国民经济和社会发展中发挥着重要作用。进入 21 世纪以来，我国汽车产业高速发展，形成了多品种、全系列的各类整车和零部件生产及配套体系，产业集中度不断提高，产品技术水平明显提升，已经成为世界汽车生产大国。中国汽车业在产业飞速发展的同时，人才缺口也日益增大。汽车人才的培养不仅仅是为了填补这个缺口，更是中国汽车业良性发展的需要。

北京理工大学出版社为顺应国家对于培养汽车专业技术人才的要求，满足企业对毕业生的技能需要，以服务教学、面向岗位、面向就业为方向，特邀请一批国内知名专家、学者、国家示范性高职院校骨干教师和企业专家编写并审读《面向"十二五"高职高专规划教材·汽车类》系列教材，力求为广大读者搭建一个高质量的学习平台。

本系列教材面向汽车类相关专业。作者结合众多学校学生的学习情况，本着"实用、适用、先进"的编写原则和"通俗、精练、可操作"的编写风格，以学生就业所需的专业知识和操作技能为着眼点，力求提高学生的实际操作能力，使学生更好地适应社会需求。

一、教材定位

- 以内容为核心，注重形式的灵活性，使学生易于接受。
- 以实用、适用、先进为原则，使教材符合汽车类课程体系设置。
- 以就业为导向，培养学生的实际操作能力，达到学以致用的目的。
- 以提高学生综合素质为基础，充分考虑对学生个人能力的提高。

二、丛书特色

- 系统性强、定位明确。丛书中各教材之间联系密切，符合各个学校的课程体系设置，为学生构建了完整、牢固的知识体系。
- 层次性强。各教材的编写严格按照由浅及深，循序渐进的原则，采用以具体实操项目为单元的项目式编写方法，重点、难点突出，以提高学生的学习效率。
- 先进性强。本套教材吸收最新的研究成果和企业的实际案例，使学生对当前专业发展方向有明确的了解。
- 操作性强。教材重点培养学生的实际操作能力，并最大限度地将理论运用于实践中。本系列教材所选案例均贴合工作实际，以满足广大企业对汽车类专业应用型人才实际操作能力的需求，增强学生在就业过程中的竞争力。

本套教材适用于汽车维修、检测、营销等专业的高等职业院校使用，也可供相关专业从业人员参考。

前言
QIAN YAN

21世纪以来，我国汽车保有量急剧上升，特别是汽车柴油机应用面广、保有量大，在道路运输、矿山施工等行业十分普及，极大地拉动了汽车售后服务的发展。随着高等职业教育教学改革的深入，为了适应教育改革对教材建设的需求，将国际化的职业教育理念、职业教学方法引入高等职业院校的教学和教材建设中，笔者根据企业的岗位需求及标准，坚持结合当前汽车后市场对人才职业能力和职业素养的实际需求，特编写此书。

本书内容从汽车柴油机的构造、原理入手，以实际工作步骤为基础，通过故障现象找出诊断和解决的方法，力求做到由浅入深、图文并茂、明了直观、通俗易懂。故本书可作为大专院校学生、教师的必备用书，也可作为广大工程技术人员的参考资料。

本书的编写符合国家对技能型紧缺人才培养培训工作的要求，注重以就业为导向，以能力为本位，面向市场、面向社会，满足了汽车维修行业高素质专业实用人才培养的需求。

本书在总结专业教学经验的基础上，吸取了先进的教学理念和方法，既有较强的理论性，又有实践性，而且在内容上突出了针对性和实用性。本书内容包括八个典型工作项目，由徐西安、范志丹主编，参加编写和审阅的还有王新铭、高文智、徐金花、王丽霞、姬东霞，在此致以衷心的谢意。

由于本书编写时间短，书中难免有疏漏之处，恳请专家、读者及时提出修改意见和建议。谢谢！

编　者

目录
MULU

▶ **项目一　发动机基本知识** ······················· 1

1.1　发动机的概念及分类 ······················ 1
1.1.1　发动机的概念 ······················ 1
1.1.2　发动机的分类 ······················ 1
1.2　柴油发动机的组成 ······················ 2
1.2.1　曲柄连杆机构 ······················ 2
1.2.2　配气机构 ······················ 3
1.2.3　燃料供给系统 ······················ 3
1.2.4　冷却系统 ······················ 3
1.2.5　润滑系统 ······················ 4
1.2.6　起动系统 ······················ 4
1.3　四冲程柴油机的工作原理 ······················ 5
1.3.1　单缸柴油机的简单结构与参数 ······················ 5
1.3.2　四冲程柴油机工作原理与工作过程 ······················ 7
1.3.3　柴油机的工作过程总结 ······················ 7
1.3.4　四冲程汽油机与柴油机工作原理的比较 ······················ 8
1.4　柴油机的主要性能指标与特性 ······················ 8
1.4.1　柴油机的主要性能指标 ······················ 8
1.4.2　柴油机的输出特性 ······················ 9
1.5　内燃机编号规则 ······················ 10

▶ **项目二　柴油机曲柄连杆机构** ······················ 11

2.1　概述 ······················ 11

2.1.1　柴油机工作条件 …………………………………… 11
　　2.1.2　曲柄连杆机构的受力情况 ………………………… 11
　　2.1.3　曲柄连杆机构的整体布置与结构 ………………… 12
2.2　机体组的构造与检修 …………………………………… 12
　　2.2.1　汽缸体与曲轴箱 …………………………………… 13
　　2.2.2　油底壳 ……………………………………………… 16
　　2.2.3　汽缸套 ……………………………………………… 17
　　2.2.4　汽缸盖 ……………………………………………… 17
　　2.2.5　汽缸垫 ……………………………………………… 18
　　2.2.6　发动机的支承 ……………………………………… 19
2.3　活塞连杆组的构造与维修 ……………………………… 20
　　2.3.1　活塞连杆组的构造 ………………………………… 20
　　2.3.2　活塞连杆组的检修 ………………………………… 30
2.4　曲轴飞轮组 ……………………………………………… 37
　　2.4.1　曲轴飞轮组的构成 ………………………………… 37
　　2.4.2　曲轴飞轮组的检修 ………………………………… 45
2.5　曲柄连杆机构异响的诊断 ……………………………… 49

▶ **项目三　柴油机配气机构的构造与检修** …………………… 51

3.1　配气机构的作用和组成、布置、传动 ………………… 51
　　3.1.1　配气机构的作用 …………………………………… 51
　　3.1.2　配气机构的组成 …………………………………… 51
　　3.1.3　配气机构的布置 …………………………………… 51
　　3.1.4　配气机构的驱动 …………………………………… 53
　　3.1.5　配气机构的工作过程 ……………………………… 53
　　3.1.6　气门间隙 …………………………………………… 54
　　3.1.7　配气相位 …………………………………………… 54
3.2　气门组的组成与检修 …………………………………… 56
　　3.2.1　气门组的构造 ……………………………………… 56
　　3.2.2　气门组的检修 ……………………………………… 60
3.3　气门传动组的构造与检修 ……………………………… 65
　　3.3.1　气门传动组的构造 ………………………………… 65
　　3.3.2　气门传动组的检修 ………………………………… 72
3.4　配气机构主要故障的诊断 ……………………………… 75

目 录

▶ **项目四 柴油机燃料供给系统的组成与检修** ························· 77

  4.1 概述 ··· 77
    4.1.1 柴油机燃料供给系统的组成 ·· 77
    4.1.2 对柴油机供给系统的要求 ·· 79
    4.1.3 柴油机可燃混合气的形成与柴油机燃烧室 ································ 80
  4.2 柴油机燃料供给系统主要部件的构造与检修 ······························· 82
    4.2.1 喷油器 ··· 82
    4.2.2 喷油泵 ··· 90
    4.2.3 调速器 ·· 106
    4.2.4 输油泵 ·· 122
    4.2.5 柴油滤清器 ·· 126
    4.2.6 柴油废气涡轮增压装置 ··· 127
  4.3 柴油机供油正时 ·· 129
    4.3.1 喷油泵的驱动与联轴器 ··· 129
    4.3.2 柴油机供油提前角调整装置 ··· 131
    4.3.3 柴油机供油正时的检查与调整 ·· 134
  4.4 柴油机燃料供给系统的维修 ··· 137
    4.4.1 柴油机燃料供给系统的维护 ··· 137
    4.4.2 喷油泵和调速器的调试 ··· 138
    4.4.3 柴油机燃料供给系统常见故障分析 ······································ 141

▶ **项目五 柴油机电控系统** ·· 148

  5.1 概述 ·· 148
    5.1.1 电控柴油喷射的优点 ·· 148
    5.1.2 电控柴油喷射系统的类型 ·· 148
    5.1.3 电控柴油喷射的基本原理 ·· 149
  5.2 柴油机电控系统的组成及工作原理 ···································· 149
    5.2.1 电子控制柱塞式喷油泵 ··· 149
    5.2.2 电子控制分配式喷油泵 ··· 153
  5.3 柴油机电控系统的故障诊断 ·· 158
    5.3.1 故障自诊断 ·· 158
    5.3.2 失效保险 ··· 163
    5.3.3 柴油机电子控制系统常见故障 ·· 163
    5.3.4 柴油机电子控制系统常见故障分析 ······································ 164

项目六 柴油机冷却系统 … 169

6.1 概述 … 169
6.2 冷却系统的组成及工作原理 … 169
6.2.1 冷却系统的组成 … 169
6.2.2 冷却液的循环 … 170
6.2.3 冷却强度的调节 … 171
6.3 冷却系统零部件 … 171
6.3.1 水泵 … 171
6.3.2 散热器与膨胀水箱 … 172
6.3.3 节温器 … 173
6.3.4 风扇离合器 … 174
6.3.5 风扇及皮带轮张紧装置 … 176
6.4 冷却液的故障诊断与检修 … 177
6.4.1 冷却系统常见故障的诊断与排除 … 177
6.4.2 冷却系统的检修 … 177
6.4.3 冷却系统的维护 … 179

项目七 柴油机润滑系统 … 181

7.1 概述 … 181
7.1.1 润滑系统的作用 … 181
7.1.2 发动机的润滑方式 … 181
7.2 润滑系统的组成与润滑系统的油路 … 182
7.2.1 润滑系统的组成 … 182
7.2.2 润滑系统的工作过程 … 182
7.3 润滑系统的主要零部件 … 183
7.3.1 机油泵 … 183
7.3.2 机油滤清器 … 185
7.3.3 机油冷却器 … 186
7.3.4 曲轴箱通风系统 … 186
7.4 润滑系统的故障诊断与检修 … 187
7.4.1 润滑系统的常见故障 … 187
7.4.2 润滑系统的检修 … 188
7.4.3 润滑系统的维护 … 188

项目八 柴油机的检验与维护 ········· 189

8.1 柴油机技术状况的变化 ········· 189
8.1.1 评价柴油机技术状况的参数 ········· 189
8.1.2 柴油机技术状况的变化规律 ········· 189

8.2 利用发动机综合性能测试仪对柴油机进行检测 ········· 190
8.2.1 发动机综合性能测试仪的使用 ········· 190
8.2.2 柴油机使用功率的测量 ········· 190
8.2.3 柴油机各缸做功能力的测量 ········· 190
8.2.4 柴油机汽缸压力的测量 ········· 191
8.2.5 柴油机喷油时间的测量 ········· 191
8.2.6 柴油机喷油压力的波形分析 ········· 191

8.3 柴油机汽缸的密封性检查 ········· 192
8.3.1 汽缸压缩压力的测量 ········· 192
8.3.2 汽缸漏气量的测量 ········· 193
8.3.3 进气管真空度的检测 ········· 193
8.3.4 进气管增压压力的检测 ········· 193

8.4 柴油机磨损与损伤的诊断 ········· 193
8.4.1 利用工业内窥镜检查汽缸损伤 ········· 193
8.4.2 曲轴轴颈与轴承磨损的检查 ········· 194
8.4.3 发动机润滑油油样分析 ········· 194

8.5 柴油机综合性故障的诊断 ········· 195
8.5.1 发动机动力不足 ········· 195
8.5.2 发动机不易起动 ········· 195
8.5.3 发动机冒烟严重 ········· 195
8.5.4 发动机机油消耗严重 ········· 196
8.5.5 发动机异响 ········· 196
8.5.6 发动机过热与机油压力过低 ········· 196

8.6 柴油机维护 ········· 197
8.6.1 各级维护的作业内容 ········· 197
8.6.2 汽车厂家的维护制度 ········· 198

▶ 思考题 ········· 199

项目一
发动机基本知识

1.1 发动机的概念及分类

1.1.1 发动机的概念

发动机是将某种形式的能量转换为机械能的机器，它是汽车的动力源。汽车使用的发动机主要是往复活塞式内燃机，即燃料在机器内部燃烧，产生的热能，通过活塞做往复直线运动而直接转化为机械能。内燃机具有效率高、结构紧凑、体积小、质量轻等优点，因而被广泛用做汽车动力源。汽车发动机可根据不同的方法进行分类。

1.1.2 发动机的分类

（1）按所用燃料的不同分类

现代汽车发动机根据所用燃料的不同可分为汽油发动机和柴油发动机（以下分别简称汽油机和柴油机）。我们通常所说的汽油和空气在化油器内混合成可燃混合气，再输入汽缸加以压缩，然后用电火花点火使之燃烧而发热做功，这种发动机被称为化油器式汽油机。新式汽油机是把汽油直接喷入进气管或汽缸内，与空气混合形成可燃混合气，再用电火花点燃，这种发动机被称为汽油喷射式发动机。汽车用柴油机使用的燃料一般是轻柴油，它由喷油泵和喷油器将柴油直接喷入燃烧室，与汽缸内经过压缩的空气混合，使之在高温下自燃做功。

近年来，由于石油资源越来越匮乏以及环保等要求，开始研究用甲醇、乙醇、液化天然气、氢气、电力、太阳能等作为能源的发动机。

（2）按工作循环所需要的行程数分类

根据发动机完成一个工作循环所需要的行程数可分为四冲程发动机和二冲程发动机。完成一个工作循环活塞上下往复四个单程的发动机称为四冲程发动机。

完成一个工作循环活塞上下往复两个单程的发动机称为二冲程发动机。目前，二冲程发动机在汽车上应用较少。

（3）按冷却方式不同分类

根据冷却方式不同分为水冷式和风冷式发动机。以水或冷却液为冷却介质的发动机称为水冷发动机。以空气为冷却介质的发动机称为风冷发动机。现代汽车发动机绝大多数采用的是水冷发动机。

（4）按有无增压装置分类

根据有无增压装置可分为增压式发动机和非增压式发动机。利用增压器使进气压力高于大气压力，输进汽缸，称为增压式发动机。利用汽缸的吸力把气体吸入汽缸，称为非增压式发动机。

此外，发动机还可根据气门装置位置、汽缸排列方式、汽缸数目等来进行分类。目前，汽车使用最广泛的是四冲程、水冷式、非增压、往复活塞式内燃机。

1.2 柴油发动机的组成

现代柴油机是由多个机构与系统有机结合而成的一个整体。各机构与系统各自承担不同的功能，互相协调工作，对外输出功率。柴油机总体构造如图1-1所示。柴油机主要由以下机构与系统组成。

1.2.1 曲柄连杆机构

（1）曲柄连杆机构的组成

曲柄连杆机构主要由发动机机体、曲轴、连杆、活塞等机件组成，承担能量转换与运动转换的功能。曲柄连杆机构是柴油机的主要组成部分，也是柴油机维修的主要部分。

图1-1 柴油机总体构造

（2）曲柄连杆机构的结构介绍

发动机机体由缸体、缸盖和油底壳组成。缸体的上部是汽缸盖，下部为曲轴箱。汽缸内安置活塞，容纳并支承曲轴和凸轮轴。曲轴通过主轴颈支承于曲轴箱相应的主轴承座上。连杆上端（连杆小头）与活塞铰接，下端（连杆大头）与曲轴连杆轴颈连接。油底壳用来封闭缸体下端并储存润滑油，缸盖用来封闭缸体上端。活塞上安装有活塞环，封闭活塞与汽缸之间的间隙。

曲轴的前端向前伸出缸体，上面安装正时齿轮与皮带轮。曲轴的后端向后伸出缸体，上面固定有飞轮，对外输出动力。

1.2.2 配气机构

(1) 配气机构的组成

配气机构的功用是定期将空气输入汽缸，将燃烧后产生的废气排出汽缸。配气机构主要由凸轮轴、挺柱、推杆、摇臂总成、气门、气门座圈和凸轮轴的驱动装置等组成。

(2) 配气机构的结构介绍

凸轮轴是一根与汽缸组长度相同的圆柱形棒体，上面有若干个凸轮。凸轮轴的一端是轴承支撑点，另一端则与驱动轮相连接。凸轮轴上分布有与气门数相同的凸轮，位于凸轮上方的挺柱可以被凸轮推动而上下移动。气门分成进气门与排气门两大类，分别用来封闭进气道与排气道。气门安装在固定于缸盖的气门导管内，气门弹簧一端支承于缸盖，另一端支承于气门尾端。气门弹簧将气门头的密封锥面紧紧地压在气门座圈相应的锥面上，将气道封闭。摇臂总成固定于缸盖，摇臂的一端与气门尾端接触，另一端与挺柱之间通过推杆传力。

凸轮轴的前端固定有正时齿轮，与曲轴正时齿轮啮合，由曲轴通过正时齿轮带动其旋转。凸轮轴旋转时，凸轮周期性地将挺柱推起，通过推杆使摇臂绕摇臂轴摆动。摇臂的一端将气门向下推，克服弹簧弹力后将气门打开。凸轮转过以后，对气门的推力逐渐消失，气门在弹簧的作用下关闭。

1.2.3 燃料供给系统

燃料供给系统的主要功用是：为发动机燃料提供清洁的空气；将燃烧后的废气排出汽缸；将柴油以高压雾状喷入燃烧室内，使之蒸发，混合并燃烧。燃料供给系统由以下装置组成。

(1) 进排气装置

分列汽缸两侧的进气管、排气管与缸盖上相应的气道对正后固定于缸盖上。空气滤清器安装于进气管口。排气消声器安装于排气管口。

(2) 燃油供给装置

安装于喷油泵壳体上的输油泵将柴油从油箱中泵出，经柴油滤清器过滤后，送入喷油泵低压油腔。喷油泵固定于发动机缸体的一侧，由正时齿轮驱动。喷油泵的分泵数量与汽缸数相同，每一个分泵通过高压油管与安装于缸盖上的喷油器连通。每一个汽缸有一个喷油器，喷油器体穿进缸盖，喷油嘴位于燃烧室内。喷油泵产生的高压柴油通过高压油管进入喷油器，喷油器将高压柴油以雾状喷入燃烧室内。喷油器与喷油泵的低压油腔之间有回油管相通，多余的柴油通过回油管流回低压油腔。

1.2.4 冷却系统

发动机在工作中会将大量的热量传给缸体、缸盖及其他机件，会使发动机温度迅速升高，可导致发动机不能正常工作，因此发动机设有冷却系统对发动机进行冷却，以保证发动机的正常工作温度。

在汽缸周围和缸盖燃烧室周围设有水套，充满冷却液，直接吸收燃气传给缸体与缸盖的热量。水泵固定在缸体前部，由曲轴通过带传动驱动旋转。散热器安装于发动机的前方迎风面。散热器的进水管与缸盖水套相通，出水管通过水泵与缸体水套相通。发动机运转时，水泵将冷却液在水套与散热器之间进行循环，把发动机水套内高温的冷却液抽入散热器进行散热，再将散热后的低温冷却液送入水套继续对发动机进行冷却。为了增大通过散热器的风量，加强散热效果，在散热器后面安装有风扇。冷却系统通过控制进入散热器的冷却液量（通过节温器）、控制风扇的转速（通过风扇离合器）和控制散热器的通风面积（通过百叶窗），对发动机的工作温度进行调节控制。

1.2.5 润滑系统

发动机在运转时，互相摩擦的零件是很多的，如曲轴颈与轴瓦之间、活塞与汽缸壁之间以及其他部位等。摩擦导致阻力增大，使发动机的机械效率下降；摩擦还会使零件产生磨损，影响发动机的使用寿命；摩擦使零件表面温度升高，破坏正常的配合间隙，影响零件之间的相互运动，甚至烧熔零件表面而互相焊接，使发动机不能工作。为保证发动机正常工作，发动机设有润滑系统，对发动机进行润滑。

润滑就是将内燃机油（简称机油）通过遍布发动机机体的油道，送到发动机各摩擦零件的表面，形成一层油膜，将互相摩擦的零件分隔开。活塞与汽缸壁之间的油膜，还起到辅助密封汽缸的作用。机油存放于发动机油底壳内。机油泵将机油吸出，经滤清器过滤后，通过机体上的油道送到各摩擦表面。

1.2.6 起动系统

柴油机由静止状态转入运转状态的过程，称为柴油机的起动。起动时，必须通过外力使柴油机转速达到最低稳定转速以上才可使其投入正常运转。在柴油机上设有起动系统，除蓄电池和控制电路外，主要是起动机。起动机固定于发动机缸体一侧，其驱动齿轮位于发动机飞轮壳内，飞轮外缘安装有齿圈。平时，齿轮与齿圈互相脱开；启动时，起动机电枢轴旋转，将齿轮与齿圈啮合，带动飞轮和曲轴旋转而启动。

从上看出，组成发动机的各个机构与系统各自独立又互相联系，从而使得发动机正常运转。在了解了柴油机的总体结构后，下面各章节将具体学习各机构或系统的结构、工作原理与检修方面的知识。

发动机缸体和缸盖是发动机所有零部件的安装基体，缸体的质量直接影响其他机件的安装位置，继而影响发动机的工作。

1.3　四冲程柴油机的工作原理

柴油机是将柴油的化学能转变成机械能的机器。完成能量的转换并对外输出功率需要经过下面几个过程。

① 将液态柴油蒸发，与空气充分混合后燃烧放出热量（柴油的化学能通过燃烧转变成热能）；

② 燃烧产生的热量加热汽缸中的气体，使气体的压力升高，体积膨胀，推动活塞移动（热能通过气体的体积膨胀转变成机械能）；

③ 移动的活塞通过连杆使曲轴旋转，并通过飞轮将动力输出（通过曲柄连杆机构往复直线运动变成连续的转动）。

下面以单缸柴油机为例，说明柴油机的基本结构、工作原理和工作过程。

1.3.1　单缸柴油机的简单结构与参数

（1）单缸柴油机的简单结构

单缸柴油机结构原理简图如图 1-2 所示，汽缸体设有圆柱形汽缸，圆柱形的活塞位于汽缸内，并可沿汽缸轴线做上、下往复移动。

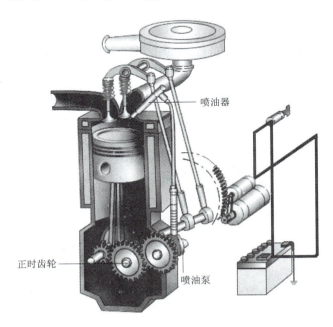

图 1-2　单缸柴油机结构原理简图

曲轴箱固定于缸体下端面。曲轴位于曲轴箱内，通过两端的主轴颈支承于曲轴箱两侧。

汽缸与曲轴箱相通，连杆将位于汽缸内的活塞和位于曲轴箱内的曲轴连接起来。连杆上端通过活塞销与活塞铰接，下端则套装于曲轴的连杆轴颈。

汽缸盖固定于缸体上端面，将汽缸封闭。喷油器固定于汽缸盖，喷油嘴位于燃烧室内。

进气门与排气门用来封闭与打开进、排气道。进、排气门由凸轮轴通过挺柱驱动。

（2）单缸柴油机各运动件的运动情况

由于曲轴连杆轴颈的轴线与主轴颈轴线之间有一定的距离，因此：

① 活塞做往复直线移动时，通过连杆作用于曲轴连杆轴颈的作用力产生绕主轴径轴线的力矩，使曲轴旋转；

② 曲轴旋转时，连杆轴颈对连杆产生推力，通过连杆使活塞做往复直线移动；

③ 在连杆运动过程中，连杆上端做往复直线运动，连杆下端做旋转运动，连接上、下端的连杆身做摆动；

④ 曲轴旋转时，通过正时齿轮驱动凸轮轴旋转，凸轮轴上的凸轮定期将气门推离气门座圈，使气门打开。当凸轮对气门的推力消失后，气门在气门弹簧弹力的作用下关闭。

汽缸示意图如图1-3所示。

（3）参数与名词术语

上止点：当活塞移动至离曲轴旋转中心最远处时，活塞顶在汽缸内对应的位置。

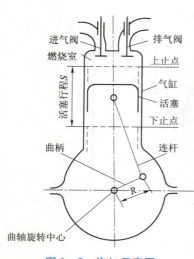

图1-3 汽缸示意图

下止点：当活塞移动至离曲轴旋转中心最近处时，活塞顶在汽缸内对应的位置。

活塞冲程：活塞在两个止点间移动一次，称为一个冲程。一个冲程曲轴旋转180°。

曲柄半径：曲轴主轴线与连杆轴颈轴线之间的距离，称为曲柄半径，用 R 表示。

活塞行程：活塞在两个止点间移动一次的距离，称为活塞行程，用 S 表示，$S=2R$。

汽缸工作容积：活塞从上止点位置移动至下止点位置所让出空间的容积，称为汽缸工作容积，用 V_h 表示。

燃烧室容积：当活塞位于上止点时，活塞顶面上方空间的容积，称为燃烧室容积，

用 V_a 表示。

汽缸总容积：当活塞位于下止点时，活塞顶面上方空间的容积，称为汽缸总容积，用 V_L 表示。

压缩比 ε：汽缸总容积与燃烧室容积之比，称为压缩比 ε。$\varepsilon = V_L/V_a = 1 + V_h/V_a$。

1.3.2　四冲程柴油机工作原理与工作过程

柴油机完成一次能量转换并对外输出功率，需要完成进气、压缩、做功和排气 4 个工作过程，称为一个工作循环。每一个工作过程对应一个活塞冲程，完成一个工作循环需要 4 个活塞冲程的柴油机，称为四冲程柴油机。四冲程柴油机完成一个工作循环，曲轴旋转 720°（两圈），活塞上下运行各两次。

（1）进气行程

活塞位于上止点，进气门打开，排气门处于关闭状态。旋转的曲轴通过连杆将活塞下移。活塞下移导致活塞上方空间增大，压力下降，汽缸内压力低于大气压力。外界空气在大气压力与汽缸内压力差的作用下，进入汽缸。进气行程一直持续到活塞到达下止点，进气门关闭为止。

（2）压缩过程

活塞到达下止点时，进气行程结束，进、排气门均处于关闭状态，缸内气体与外界隔绝，活塞在曲轴的带动下向上移动。由于活塞上方的空间减小，导致气体被压缩，压力升高。当活塞到达上止点时，汽缸内的气体被局限在燃烧室内。由于气体被压缩，压缩终了汽缸内气体的温度与压力升高。气体被压缩的程度取决于压缩比的大小。压缩比越大，被压缩程度越高，压缩终了汽缸内的压力与温度越高。

（3）做功行程

压缩接近终了，一定量的柴油被喷油器以高压、雾状喷入燃烧室内。由于此时燃烧室内的温度高于柴油的自燃温度，喷入燃烧室内的柴油与空气混合形成可燃混合气并发生自燃。燃料的燃烧导致汽缸内压力急剧升高，推动活塞向下移动，通过连杆使曲轴旋转，对外输出功率。做功行程持续到活塞到达下止点时为止。

（4）排气行程

做功终了，活塞位于下止点，汽缸内充满燃烧后的废气。此时，排气门打开，活塞在曲轴的带动下向上移动，将汽缸内的废气排出汽缸，直到活塞移动到上止点，排气门关闭，排气行程结束。

1.3.3　柴油机的工作过程总结

柴油机每完成一次能量转换，都需要完成进气、压缩、做功和排气 4 个工作过程，即完成一个工作循环。柴油机随即重复下一个循环，如此往复不止。

不难看出，在单缸发动机的一个工作循环中，只有做功行程由活塞带动曲轴旋转，而其余 3 个行程，都是由曲轴带动活塞移动。发动机只有 1/4 的时间对外做功，做功不连续，发动机运转不稳定。在非做功行程，需要外部动力使曲轴带动活塞移动，以维持发动机的连续运转。

为此，在曲轴的后端轴上固定有一个转动惯量很大的飞轮。飞轮在发动机做功行程储存足够的能量，在非做功行程释放能量使曲轴继续旋转，完成其他工作过程。同时，飞轮还能使发动机的转速稳定。

单缸发动机不适合汽车使用，汽车上都使用多缸发动机。多缸发动机不但输出功率大，而且在一个工作循环中将各缸的做功行程错开，因此总有做功的汽缸来克服其他缸的阻力。多缸发动机的转速稳定，而且飞轮的质量与尺寸可以减小。

1.3.4 四冲程汽油机与柴油机工作原理的比较

由上述四冲程柴油机的工作循环可知，汽油机和柴油机的工作循环既有共同点，又有差别，归纳如下。

① 两种发动机中，每完成一个工作循环，曲轴均转两周（720°）；每完成一个行程，曲轴转半周（180°）。进气行程是进气门开启，排气行程是排气门开启，其余两个行程进、排气门均关闭。

② 无论是汽油机还是柴油机，在 4 个行程中，都只有做功行程产生动力，其余 3 个行程是为做功行程做准备的辅助行程，都要消耗一部分能量。

③ 两种发动机运转的第一循环，都必须靠外力使曲轴旋转，才能完成进气和压缩行程；做功行程开始后，做功能量储存在飞轮内，以维持循环继续进行。

④ 汽油机的混合气是在汽缸外部形成的，进气行程中吸入汽缸的是可燃混合气；柴油机的混合气是在汽缸内部形成的，进气行程中吸入汽缸的是纯空气。

⑤ 汽油机在压缩终了时，靠火花塞强制点火燃烧；而柴油机则靠混合气自燃点火燃烧。

1.4 柴油机的主要性能指标与特性

1.4.1 柴油机的主要性能指标

柴油机的主要性能指标包括动力性指标和经济性指标两大类。

（1）动力性指标

有效转矩：柴油机通过飞轮对外输出的转矩（单位为 N·m）。

有效功率：柴油机通过飞轮对外输出的功率，单位为 kW。

柴油机转速：柴油机运转时曲轴的转速，单位为 rpm。

（2）经济性指标

燃料消耗率：柴油机每发出 1 kW 有效功率，在 1 h 内消耗的柴油的质量，单位为 g/kWh。

1.4.2　柴油机的输出特性

柴油机在运转过程中，其有效转矩、有效功率与转速是在不断变化的，其中有效转矩的大小总是与汽车作用于飞轮上的阻力矩相平衡的。发动机在运转中，有效转矩随发动机转速的变化而变化。发动机供油量的大小，通过加速踏板进行控制。

（1）加速踏板对发动机输出特性的控制

若加速踏板位置不变，当阻力矩改变时，会导致发动机的转速发生变化，使发动机有效转矩随之改变。比如阻力矩增大，会导致发动机转速下降。当发动机转速下降时，有效转矩会有一定程度的增大，而重新与阻力矩平衡。当有效转矩不能与阻力矩平衡时，会导致发动机转速不断下降，直到发动机熄火停转。同理，当阻力矩减小时，发动机转速会升高，直至有效转矩重新与阻力矩平衡。

当阻力矩发生变化时，通过改变加速踏板的位置，使发动机的喷油量改变，发动机的有效转矩随之改变，直至与阻力矩平衡。此时，发动机的转速没有改变，但有效转矩与发动机输出功率改变。

若阻力矩不变，改变加速踏板的位置，发动机的供油量改变。由于发动机输出转矩总是与阻力矩平衡，导致发动机转速发生改变。如踩下加速踏板，发动机输出功率增大，输出转矩大于阻力矩。此时，发动机加速，带动汽车速度升高，阻力矩增大，直到发动机输出转矩重新平衡，发动机重新稳定运转为止。

从上面可以看出，加速踏板位置一定时，发动机转速的大小取决于发动机受到的阻力矩的大小。发动机受到的阻力矩越大，对应的发动机转速就越低。

发动机的输出功率与发动机转速有很大关系。发动机在没有达到最大输出功率前，随着发动机转速的升高，输出功率增大。

（2）发动机的负荷率

发动机实际输出功率与同一转速下所能发出的最大输出功率之比称为发动机的负荷率。由于加速踏板的位置与负荷率成正比，一般将加速踏板踩下的程度作为发动机的负荷率。由于发动机具有一定的后备功率，汽车在正常行驶过程中，发动机处于大负荷（负荷率大于85%）工况是不多的。

1.5 内燃机编号规则

为了便于内燃机的生产管理和使用，我国于1991年对内燃机名称和型号的编制方法进行了重新审定并颁布了国家标准GB/T 725—1991。标准规定：内燃机名称按所采用的主要燃料来命名，内燃机型号由阿拉伯数字和汉语拼音字母组成，其排列顺序和意义规定如图1-4所示。

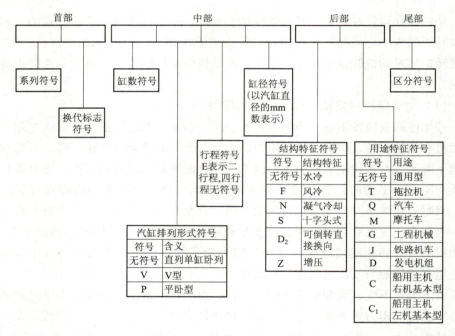

图1-4 内燃机型号的编制方法

内燃机型号编制示例：

柴油机：

CA6110——第一汽车集团公司生产、六缸、四冲程、直列、缸径110 mm、水冷、通用型。

12V135ZG——12缸、V型、四冲程、缸径135 mm、水冷、增压、工程机械用。

项目二 柴油机曲柄连杆机构

2.1 概 述

曲柄连杆机构是发动机最主要的机构之一。曲柄连杆机构的功用，是将燃气作用于活塞顶上的压力转变成曲轴的转矩，通过飞轮向传动系统输出动力，从而驱动发动机其他机构与装置工作。

2.1.1 柴油机工作条件

与汽油机相比，柴油机汽缸内的工作温度更高，气体燃烧产生的压力更大，由于柴油机机件的体积与质量更大，产生的惯性力也更大，因此柴油机的热负荷、机械负荷大，振动与噪声也大。

2.1.2 曲柄连杆机构的受力情况

（1）气体压力

发动机在燃烧过程中，气体对活塞顶的压力通过连杆作用于曲轴连杆轴颈，所产生的力矩使曲轴旋转。压力会使曲轴各轴颈与轴承压紧，不但使曲轴产生摩擦与磨损，还使活塞与汽缸之间产生摩擦与磨损。

（2）往返运动惯性力与旋转运动离心力

活塞和连杆小头在汽缸中做往复直线运动时，平均速度很高，而且数值在不断发生变化。当活塞从上止点向下止点运动时，其速度变化规律是：从零开始，逐渐增大，临近中间达到最大值，然后又逐渐减小至零。也就是说，当活塞向下运动时，前半行程是加速运动，惯性力向上；后半行程是减速运动，惯性力向下。同理，当活塞向上运动时，前半行程惯性力向下，后半行程惯性力向上。

偏离曲轴轴线的曲柄、曲柄销和连杆大头绕曲轴轴线旋转，也要产生惯性力，俗称离心力。其方向沿曲柄半径向外，其大小与曲柄半径、旋转部分的质心位置及曲轴转速有关。曲柄半径愈长，旋转部分质心离曲轴轴线愈远，曲轴转速愈高，则惯性力愈大。

（3）摩擦力

曲柄连杆机构互相摩擦的零部件很多，摩擦产生的摩擦力不但增大机构的运动阻力，还会造成零部件的磨损，影响发动机的使用寿命。

2.1.3　曲柄连杆机构的整体布置与结构

曲柄连杆机构由机体组、活塞连杆组和曲轴飞轮组等组成，如图2-1所示。

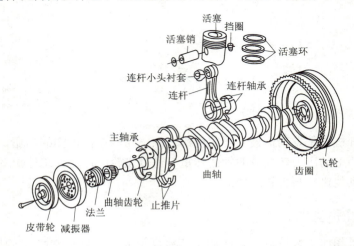

图2-1　曲柄连杆机构的组成

机体组包括汽缸体、汽缸盖和油底壳，形成汽缸、燃烧室和曲轴箱，用来安装活塞、连杆，支撑曲轴，形成发动机的外壳。同时，机体组还是发动机其他零部件的装配基体，是发动机各机构的机架。

活塞连杆组由活塞、活塞环、连杆和用来连接活塞与连杆的活塞销组成。活塞位于汽缸内，活塞环安装在活塞头部的环槽内，用来封闭活塞与汽缸之间的间隙。连杆用来连接活塞与曲轴，传递动力，在直线往复运动与旋转运动的转换中起重要作用。活塞销用来连接活塞与连杆。

曲轴飞轮组由曲轴、飞轮及其他零部件组成。曲轴支承于发动机曲轴箱内，飞轮固定于曲轴后端，对外输出动力。

2.2　机体组的构造与检修

机体组由汽缸体、曲轴箱、油底壳、汽缸套、汽缸盖、汽缸垫组成。

2.2.1 汽缸体与曲轴箱

2.2.1.1 构造

通常将汽缸体与曲轴箱铸为一体，笼统地称为汽缸体。汽缸体内引导活塞做往复运动的圆筒就是汽缸，汽缸外面置有水套以散热。曲轴箱上由主轴承座孔，还有主油道和分油道。

汽缸体的构造如图2-2所示。

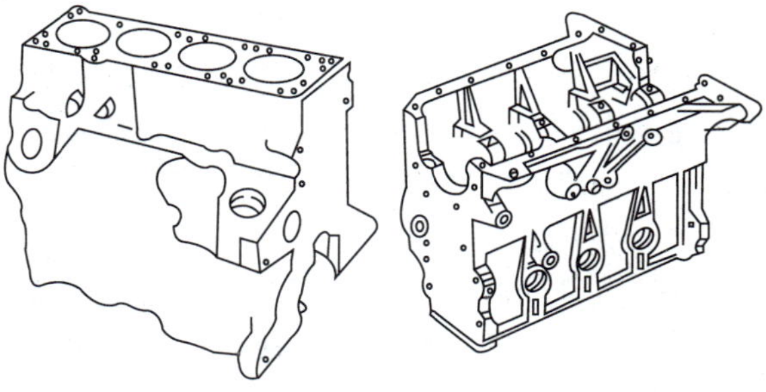

图2-2 汽缸体的构造
(a) 正立；(b) 倒立

2.2.1.2 汽缸体的排列形式

（1）直列式

发动机的各个汽缸排成一列，一般是垂直布置的。单列汽缸体结构简单，加工容易，但发动机长度和高度较大。一般六缸以下的发动机多采用单列式。例如捷达轿车、富康轿车、红旗轿车所使用的发动机均采用这种直列式汽缸体，如图2-3(a) 所示。有的汽车为了降低发动机的高度，把发动机倾斜一个角度。

（2）V型

汽缸体排成两列，左右两列汽缸中心线的夹角 $\gamma < 180°$，称为V型发动机。V型发动机与直列式发动机相比，缩短了机体的长度和高度，增加了汽缸体的刚度，减轻了发动机的重量；但加大了发动机的宽度，且形状较复杂，加工困难。一般用于八缸以上的发动机，六缸发动机也有采用这种形式的汽缸体，如图2-3(b) 所示。

（3）对置式

汽缸排成两列，左右两列汽缸在同一水平面上，即左右两列汽缸中心线的夹

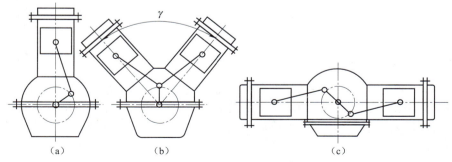

图2-3 汽缸的排列形式
(a) 直列式；(b) "V"型式；(c) 对置式

角 $\gamma = 180°$，称为对置式。它的特点是高度小，总体布置方便，有利于风冷。这种汽缸应用较少，如图2-3（c）所示。

2.2.1.3 汽缸体的形式

（1）平分式汽缸体

其特点是油底壳安装平面和曲轴旋转中心在同一高度。这种汽缸体的优点是机体高度小，质量轻，结构紧凑，便于加工，曲轴拆装方便；缺点是刚度和强度较差。平分式汽缸体如图2-4（a）所示。

（2）龙门式汽缸体

其特点是油底壳安装平面低于曲轴的旋转中心。它的优点是强度和刚度都好，能承受较大的机械负荷；缺点是工艺性较差，结构笨重，加工较困难。龙门式汽缸体如图2-4（b）所示。

（3）隧道式汽缸体

这种形式汽缸体的特点是曲轴的主轴承孔为整体式，采用滚动轴承，主轴承孔较大，曲轴从汽缸后部装入。其优点是结构紧凑，刚度和强度好；缺点是加工精度要求高，工艺性较差，曲轴拆装不方便。隧道式汽缸体如图2-4（c）所示。

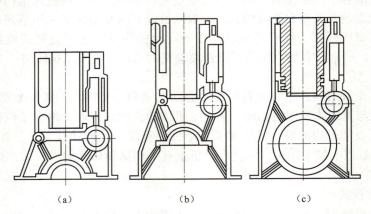

图2-4 汽缸体的形式
（a）平分式；（b）龙门式；（c）隧道式

2.2.1.4 汽缸体的维修

（1）汽缸体的清洗

油污用清洗液进行热清洗，油道用专用清洁刷和热肥皂水清洗。注意：铝合金汽缸体不能使用碱性清洗液清洗；清洗后用清水冲刷，以免残留清洗液腐蚀机件；汽缸体清洗后，在加工表面涂润滑油，以防止生锈；油道清洁后，将油堵装好，以防止污染。

（2）汽缸体裂损的检查与修理方法

① 用目视或5倍放大镜检查较大裂纹；用水压或气压试验检查细小裂纹，

水压或气压试验压力为 0.3~0.4 MPa。

② 气焊修理适用于铸铁汽缸体，裂纹较深（6 mm 以上）时需开焊接坡口。

③ 电焊修理适用于铸铁汽缸体，焊前在裂纹走向前方钻 $\phi 3$ mm 止裂孔。

④ 黏结修理适用于铝合金汽缸体，较大裂纹开 V 形槽灌注黏结剂；较小裂纹使用黏结剂贴加布层。

⑤ 螺钉填补修理用于钻止裂孔，用专用铜制螺钉。

（3）汽缸磨损的检查与修理

1）汽缸磨损规律与原因

① 一般会磨成上大、下小倒锥形。

a. 润滑不良造成磨损：发动机工作时汽缸上部润滑条件较差，这是因为润滑油不易喷到汽缸壁上部，而其上部温度又高，从而使进入汽缸的润滑油黏度下降，不能形成良好油膜，甚至可能被烧掉。实验证明，当温度超过 250℃ 时，完整的油膜很难形成；而接近燃烧室的汽缸壁处，工作温度高达 350℃；另外进入汽缸的可燃混合气中的细小颗粒不断冲刷缸壁，也破坏了油膜，使汽缸上部活塞环形成干摩擦或半干摩擦，加快了汽缸磨损。

b. 高压造成的机械磨损：发动机工作时活塞环在自身弹力和气体压力作用下压在汽缸壁上。当活塞在汽缸中往复运动时，活塞环与汽缸壁相对运动而产生摩擦磨损，程度决定于活塞环作用在汽缸壁上正压力的大小。正压力越大，润滑油膜的形成和保持越难，机械磨损越严重。在做功行程中，活塞下行汽缸容积增大，这个压力将随之降低，这样汽缸磨损不均匀，使其形状呈上大、下小的倒锥形。

② 最前端第一缸和最后端第四缸、第六缸，磨损大于其他缸，原因为：

a. 温度造成的酸腐蚀，即第一缸、第四缸、第六缸散热条件好，温度低于其他缸，易造成酸性磨损。

b. 第一缸和第四缸、第六缸，受惯性力影响，是负荷输出端，所以磨损大于其他缸，且径向磨损大于轴向，形成椭圆形。

③ 径向小于轴向的椭圆形。

发动机做功行程，连杆下行会对汽缸产生一个侧向冲击，加大了主推力面磨损；在压缩行程时，会有一个侧向力，产生同样侧向冲击，也加大了磨损，不过小于做功行程，这样就会磨损形成径向大于轴向的椭圆形。

④ 腰鼓形。由于吸入尘土之类的杂质，中间的磨损速度最快，行成腰鼓形。

2）磨损检查

用量缸表从三个高度位置，沿纵、横两个方向，共在 6 个部位进行检查。最大磨损量——最大测量直径与标准直径之差；圆度误差——同一高度、不同方向测量的两个直径之差的一半；圆柱度误差——不同高度、同一方向测量的两个直径之差的一半。不允许超过使用极限，否则应镗磨或镶套。例如，EQ6100 发动机规定汽缸圆度误差若超过 0.075 mm，圆柱度误差若超过 0.15 mm，则需进行修理。

使用量缸表测量时，先将量缸表调"0"（与标准缸径相对应），再测量：

① 如果指针正好处在零位，说明被测缸径与标准尺寸的缸径相等；

② 当指针顺时针方向离开零位，表明缸径小于标准尺寸的缸径；

③ 当指针逆时针方向离开零位，表明缸径大于标准尺寸的缸径。

结论：

① 汽缸径向的最大磨损基本上是处于垂直曲轴轴线平面内（对侧置气门，一般是面对进气门缸壁侧）；汽缸径向的最小磨损，是在平行轴轴线平面内。

② 汽缸轴向磨损，上部大于下部形成圆柱度，最大磨损部位在第一道活塞环对应的上止点处。

③ 缸口活塞环没触到的地方几乎没有磨损（形成缸肩）。

④ 汽缸镶套。汽缸镶套包括干缸套和湿缸套。

a. 干缸套：用专用工具，过盈量 0.03～0.08 mm。

b. 湿缸套：高出缸体上平面 0.05～0.15 mm。

⑤ 缸体上平面的检查：

工具：直尺和塞尺

方法：在图 2-5 中所示的 6 个方向上检查。

2.2.2 油底壳

（1）功用

油底壳用于储存和冷却机油并封闭曲轴箱。

（2）构造

油底壳用薄钢板冲压而成，内部设有稳油挡板，以防汽车振动时油底壳右面产生较大的波动；最低处有放油塞；曲轴箱与油底壳之间有密封衬垫。其构造如图 2-6 所示。

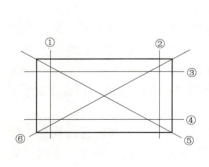

图 2-5 缸体上平面检查方法

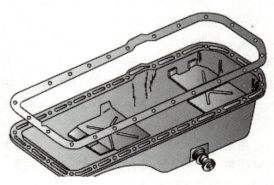

图 2-6 油底壳

2.2.3 汽缸套

解决成本与寿命之间的矛盾。汽缸可内镶耐磨高级铸铁材料制成的汽缸套，而缸体则可用价廉的普通铸铁或质量轻的铝合金制成，这样，既延长了使用寿命，又节省了材料。

(1) 干式汽缸套

其特点是汽缸套装入汽缸体后，其外壁不直接与冷却水接触，而和汽缸体的壁面直接接触。壁厚一般为 1~3 mm。它具有整体式汽缸体的优点，强度和刚度都较好；但加工比较复杂，内、外表面都需要进行精加工，拆装不方便，散热不良。其结构如图 2-7（a）所示。

(2) 湿式汽缸套

其特点是汽缸套装入汽缸体后，其外壁直接与冷却水接触，汽缸套仅在上、下各有一圆环地带与汽缸体接触，壁厚一般为 5~9 mm。它散热良好，冷却均匀，加工容易（通常只需要精加工内表面，而与水接触的外表面不需要加工），拆装方便；但缺点是强度、刚度都不如干式汽缸套好，而且容易产生漏水现象。应该采取一些防漏措施。其结构如图 2-7（b）所示。

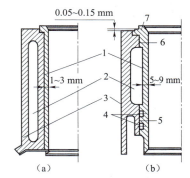

图 2-7 汽缸套
(a) 干式；(b) 湿式
1—汽缸套；2—水套；3—汽缸体；4—橡胶密封圈；
5—下支承密封带；6—上支承密封带；
7—缸套凸缘平面

(3) 湿式缸套的安装固定

缸套外圆柱面上下各有一个凸缘，与座孔圆柱面配合，起到径向定位的作用。缸套上端面凸缘与缸体上端面贴合，被缸盖压紧，起到轴向定位和固定缸套的作用。缸套外圆柱面的下端开有密封槽，里面装有橡胶密封圈，用来对缸套与座孔之间的间隙进行密封。由于汽缸套直接与冷却液接触，故冷却效果好。湿式缸套产生磨损变形后，只能进行更换修理。

2.2.4 汽缸盖

(1) 汽缸盖结构

汽缸盖用缸盖螺栓固定在缸体上面，用来封闭汽缸。汽缸盖下平面的凹亢，与活塞顶一起形成燃烧室。由于汽缸盖的热负荷很大，而且形状复杂，容易产生热变形和开裂，故必须对汽缸盖进行可靠的冷却。汽缸盖内部为中空结构，形成缸盖水套，水套主要位于燃烧室周围。缸盖水套通过缸盖与缸体之间的小孔与缸体水套相通，缸体水套内的冷却液从小孔进入缸盖水套进行冷却。缸盖水套设有

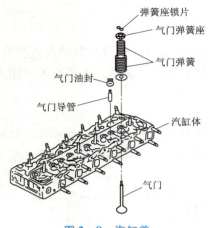

图 2-8 汽缸盖

出水口，与出水管相连。

汽缸盖上有进排气道，气道口镶嵌有气门座圈。缸盖上还镶嵌有气门导管，用来安装进、排气门。配气机构的摇臂总成也安装在汽缸盖上端面，并用气门室罩封闭。汽缸盖有喷油器座孔，用螺栓将喷油器固定在汽缸盖上。其结构如图 2-8 所示。

（2）缸盖的安装固定

大型发动机采用一缸一盖的单体式汽缸盖，或者几缸一盖的块状式汽缸盖。汽缸盖用缸盖螺栓固定在汽缸体上，拧紧螺栓时，应按规定力矩均匀拧紧。对于块状式缸盖，应采用从中间向四周扩展的方法拧紧螺栓。安装铸铁缸盖时，应在发动机热态下最后拧紧螺栓。

（3）汽缸盖的维修

① 对于缸盖裂损的检查与修理，请参照缸体的检查与修理方法。

② 缸盖平面变形的检查与修理方法为：

a. 检查方法：与缸体上平面变形检查相同。

b. 修理方法：铝合金缸盖用压力校正，铸铁缸盖用磨削或铣削。

注意：缸盖磨削或铣削量不能超过 0.5 mm。

③ 燃烧室积炭通常用机械清除或化学清除。

④ 火花塞座孔损坏的维修，分为座孔扩大、攻制螺纹、拧入螺堵、加工座孔 4 步进行。

注意：缸盖螺栓拆装顺序：

缸盖螺栓按顺序分 2~3 次逐渐拧紧或拧松。如图 2-9 所示。

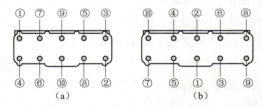

图 2-9 缸盖拆装顺序

(a) 拆卸顺序；(b) 安装顺序

2.2.5 汽缸垫

汽缸垫在汽缸盖和汽缸体之间，其功用是保证汽缸盖与汽缸体接触面的密封性，防止漏气、漏水和漏油。汽缸垫的构造如图 2-10 所示。

① 金属-石棉垫：外包铜皮和钢片，且在缸口、水孔、油道口周围卷边加强，内填石棉（常掺入铜屑或钢丝，以增强导热性能）。如图 2-10 (a)、(b) 所示。

② 金属骨架-石棉垫：以编织的钢丝网（如图 2-10 (c) 所示）或有孔钢板（如图 2-10 (d) 所示）为骨架，外覆石棉，只在缸口、水孔、油道口处用

③纯金属垫：由单层或多层金属片组成，如图2-10（e）所示。

解放CA1091型汽车6102型发动机的汽缸垫，就采用了较先进的加强型无石棉汽缸垫，其结构如图2-10（f）所示，在汽缸口密封部位采用五层薄钢板组成，并设计成圆形，没有石棉夹层，从而消除了气囊的产生，也减少了工业污染，在油孔和水孔周围均包有钢护圈以提高密封性。

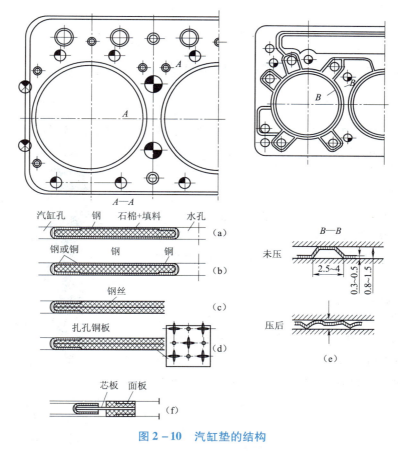

图2-10 汽缸垫的结构

(a)、(b)、(c)、(d) 金属-石棉板；(e) 冲压钢板；(f) 无石棉汽缸垫

安装注意：安装汽缸垫时，首先要检查汽缸垫的质量和完好程度，所有汽缸垫上的孔要和汽缸体上的孔对齐，将光滑的一面朝向汽缸体，防止被高温气体冲坏。其次要严格按照说明书上的要求上好汽缸盖螺栓。拧紧汽缸盖螺栓时，必须按中央对称均匀向四周扩展的顺序分2~3次进行，最后一次拧紧到规定的力矩。

2.2.6 发动机的支承

发动机采用三点式或者四点式支承，固定在车架上。发动机与车架之间，采用弹性支承方式，即在发动机支座与车架之间，设置弹性垫，这样可以减少发动机传给底盘的振动，也可防止因车架变形对发动机产生影响。由于采用的是弹性支承，发动机与车架之间的位置在汽车行驶中会有微小变化，因此发动机与车架之间的管道都采用软管连接。

采用三点式支承时，通常前面一个支承点，安装于正时齿轮室盖上的支架上；后面两个支承点，为飞轮壳两端的凸耳。采用四点式支承时，前面与后面各两个支承点。

2.3 活塞连杆组的构造与维修

活塞连杆组由活塞、活塞环、活塞销、连杆等机件组成，如图2-11所示。

2.3.1 活塞连杆组的构造

2.3.1.1 活塞

活塞的作用有两个：一是活塞顶部与汽缸盖、汽缸壁共同组成燃烧室；二是承受气体压力，并将此力通过活塞销传给连杆，推动曲轴旋转。

活塞在汽缸内做高速往复运动，承受周期性变化的气体压力和惯性力，且顶部直接与高温燃气接触，加之润滑不良、散热困难，活塞的工作条件十分恶劣，这就要求活塞必须具有足够的刚度和强度，质量要尽可能小，导热性能好，且有良好的耐磨性和热稳定性。

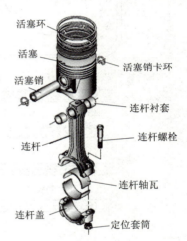

图2-11 活塞连杆组

目前，汽车发动机的活塞材料广泛采用铝合金，有的柴油机上也采用高级铸铁或耐热钢通过铸造或锻造工艺制成。

（1）活塞的基本结构

活塞由顶部、头部、裙部3部分组成，如图2-12所示。

活塞顶部是燃烧室的组成部分，其形状与燃烧室形式有关，一般有平顶、凸顶和凹顶3种，如图2-13

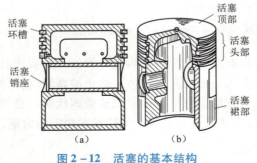

图2-12 活塞的基本结构

（a）平面剖视图；（b）立体剖视图

所示。

平顶活塞结构简单，加工方便，受热面积小，在汽油机上广泛采用；凸顶活塞顶部刚度大，可获得较大的压缩比，也能增加气流强度，但顶部温度较高；凹顶活塞可通过凹坑深度获得不同的压缩比，但顶部受热量大，易形成积炭，加工制造困难。

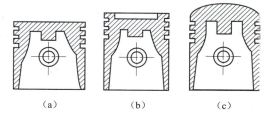

图 2 – 13　活塞顶部形状
(a) 平顶；(b) 凹顶；(c) 凸顶

活塞头部是指活塞环槽以上的部分，其作用是承受气体压力，并将力通过活塞销座、活塞销传给连杆；同时与活塞环一道实现汽缸的密封；将活塞顶部吸收的热量通过活塞环传导到汽缸壁。

活塞头部切有若干道用以安装活塞环的环槽。发动机活塞一般有 2~3 道气环槽和 1 道油环槽，随着发动机的高速化，气环数有减少的趋势。气环槽一般具有同样的宽度，油环槽比气环槽的宽度大，且槽底加工有回油孔，以便让油环刮下的机油从回油孔回到油底壳。

活塞环槽的宽度和深度略大于活塞环的高度和厚度，以保证发动机工作时，活塞环可在环槽内运动，以除去环槽内的积炭和保证密封。这样，活塞环槽的磨损常常是影响发动机使用寿命的一个重要因素，特别是第一道环槽温度高，使材料硬度下降，磨损更为严重。为了保护环槽，有的发动机在活塞环槽部位铸入用耐热材料制成的环槽保护圈，以提高活塞的使用寿命，如图 2 – 14 所示。

活塞裙部是活塞油环槽以下的部分，其作用是为活塞在汽缸内做往复运动导向和承受侧压力。

活塞裙部要有一定的长度和足够的面积，以保证可靠的导向和减磨。活塞裙部基本形状为一薄壁圆筒，圆筒结构完整的称为全裙式；许多高速发动机为了减轻活塞质量，在活塞不受侧向力的两侧，即沿销座孔轴线方向的裙部切去一部分，形成拖板式裙部，这种结构裙部弹性较好，可以减小活塞与汽缸的装配间隙，如图 2 – 15 所示。

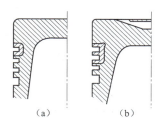

图 2 – 14　活塞环槽护圈
(a) 一道护圈；(b) 两道护圈

图 2 – 15　拖板式活塞

活塞裙部的销座孔用于安装活塞销，为壁厚圆筒结构。销座孔内接近外端面处，车有安放弹性锁环的锁环槽，锁环用来防止活塞销在工作时发生轴向窜动。

（2）活塞的变形规律及应对措施

活塞工作时，由于机械负荷和热负荷的影响，会使活塞产生变形。在圆周方向上，其裙部直径沿活塞销座轴线方向增大，使裙部变成长轴在活塞销座轴线方向上的椭圆，如图 2－16 所示。这是因为气体压力和侧压力的作用；同时在活塞销座附近金属堆积，受热后膨胀量大。由于机械变形和热变形共同作用，因而造成这样的结果。在高度方向上，由于温度分布和质量分布不均匀，故活塞的变形量会出现上大下小的特点。

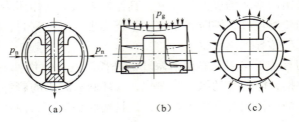

图 2－16　活塞裙部形状和工作时变形

(a) 侧压力作用；(b) 气体压力作用；(c) 热变形

为了保证活塞在工作时与汽缸壁间保持比较均匀的间隙，以免在汽缸内卡死或引起局部磨损，故必须在结构上采取各种措施：

① 冷态下将活塞制成其裙部断面为长轴垂直于活塞销的椭圆，轴线方向为上小下大的近似圆锥形。

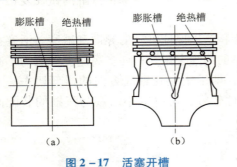

图 2－17　活塞开槽

(a) "Π" 形槽；(b) "T" 形槽

② 活塞销座附近的裙部外表面制成凹陷 0.5～1 mm。

③ 在活塞裙部受侧压力小的一侧开 "Π" 形槽或 "T" 形槽，如图 2－17 所示。其中横槽被称为绝热槽，可减少从活塞头部向裙部的传热量，使裙部膨胀量减少；纵槽被称为膨胀槽，使裙部具有弹性，这样，冷态下的间隙可减小，热态下又因切槽的补偿作用，而使活塞不致卡死在汽缸中。

④ 采用双金属活塞。双金属活塞有恒范钢片式、筒形钢片式、自动调节式等，其作用是牵制活塞裙部的膨胀量。

采用上述措施后，活塞裙部与汽缸壁之间的冷态装配间隙便可减小，以避免发动机产生冷"敲缸"现象。

2.3.1.2 活塞环

活塞环有两类密封问题：窜气和窜油。

窜气是指燃烧气体通过活塞与汽缸间的间隙泄漏至曲轴箱，这将导致功率损失；窜油指机油从油底壳上行至燃烧室，造成烧机油，这会影响发动机性能。为了防止窜气和窜油，必须通过活塞环来进行密封。

活塞环有气环和油环两种。

气环的作用是保证活塞与汽缸壁间的密封效果，防止高温、高压的燃气漏入曲轴箱，同时将活塞顶部的热量传导到汽缸壁，再由冷却液或空气带走。一般来说，发动机每个活塞上都装有 2~3 道气环；目前，新型发动机上气环的数量呈减少的趋势。

油环用来刮除汽缸壁上多余的机油，并在汽缸壁上涂布一层均匀的油膜。通常发动机有 1~2 道油环。

由于活塞环也是在高温、高压、高速及润滑困难的条件下工作，且运动情况复杂，因此要求其材料应有良好的耐热性、导热性、耐磨性、磨合性、韧性及足够的强度和弹性。目前，活塞环的材料采用优质铸铁、球墨铸铁、合金铸铁，并对第一道环甚至所有环实行工作表面镀铬或喷钼处理，以提高耐磨性。组合式油环则采用弹簧钢片制造。

（1）气环

① 气环的间隙。发动机工作时，活塞、活塞环都会发生热膨胀，并且活塞环随着活塞环在汽缸内做往复运动时，有径向胀缩变形现象。为防止活塞环卡死在缸内或胀死在环槽中，安装时，活塞环应留有端隙、侧隙和背隙，如图 2-18 所示。

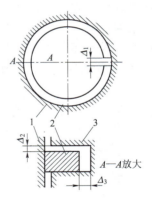

图 2-18 气环间隙
1—汽缸；2—活塞环；
3—活塞环槽

端隙 Δ_1 又称开口间隙，是活塞环在冷态下装入汽缸后，该环在上止点时环的两端头的间隙，一般为 0.25~0.50 mm。

侧隙 Δ_2 又称边隙，是指活塞环装入活塞后，其侧面与活塞环槽之间的间隙。第一环工作温度高，间隙较大，一般为 0.04~0.10 mm，其他环一般为 0.03~0.07 mm。油环侧隙较气环小。

背隙 Δ_3 是活塞及活塞环装入汽缸后，活塞环内圆柱面与活塞环槽底部间的间隙，一般为 0.50~1.00 mm。油环背隙较气环大，以增大存油间隙，有利于减压泄油。

② 气环的密封原理。活塞环在自由状态下不是圆环形，其尺寸比汽缸内径大，因此它随活塞一起装入汽缸后，便产生弹力 F_1 而紧贴在汽缸壁上，形成第一密封面，使高温高压燃气不能通过环与汽缸接触面的间隙。活塞环在燃气压力

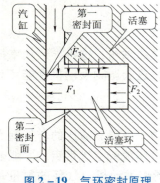

图 2-19 气环密封原理

作用下,压紧在环槽的下端面上,形成第二密封面,于是燃气绕流到环的背面,燃气压力对环背的作用力 F_2 使环更紧地贴在汽缸壁上,形成对第一密封面的第二次密封,如图 2-19 所示。

高温高压燃气从第一道气环的切口漏到第二道气环的上平面时,由于第一环切口的阻力,压力已有所降低,又把这道气环压贴在第二环槽的下端面上,于是燃气又绕流到这个环的背面,如此下去,从最后一道气环漏出来的燃气,其压力和流速已大大减小,因此漏气量也就很少了。

为减少气体泄漏,将活塞环装入汽缸时,各道环的开口应相互错开。如有三道环,则各道环开口应沿圆周成 120°夹角;如有四道环,则第一、第二道互错 180°,第二、第三道互错 90°,第三、第四道互错 180°,形成迷宫式的路线,以增大漏气阻力,减少漏气量。

③ 气环的泵油现象。由于侧隙和背隙的存在,当发动机工作时,活塞环便产生了泵油现象,如图 2-20 所示。活塞下行时,环靠在环槽上方,环从缸壁上刮下来的机油充入环槽下方;当活塞上行时,环又靠在环槽的下方,同时将机油挤压到环槽上方。如此反复,就将缸壁上的机油泵入燃烧室。

泵油现象会使燃烧室内形成积炭,同时增加机油消耗,并且可能在环槽中形成积炭,导致环卡死而失去密封作用,甚至折断活塞环。

④ 气环的种类。气环按其断面形状分为很多种,如图 2-21 所示。

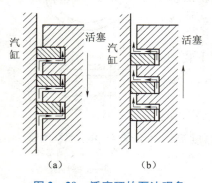

图 2-20 活塞环的泵油现象
(a) 活塞下行;(b) 活塞上行

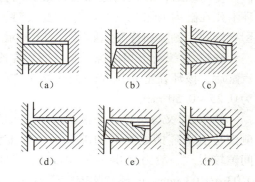

图 2-21 气环的断面形状
(a) 矩形环;(b) 锥形环;(c) 梯形环;
(d) 桶面环;(e)、(f) 扭曲环

矩形环结构简单,制造方便,与缸壁接触面积大,对活塞头部的散热有利,是基本的结构形式,可用于各道气环,但泵油作用大,磨合性能和刮油性能较差。

锥形环与缸壁是线接触，有利于磨合和密封。另外，这种环在活塞下行时有刮油作用，上行时有布油作用。安装这种环时只能按图 2-21（b）所示方向安装。为避免装反，在环端上侧面标有记号（"向上"或"TOP"等）。

梯形环的特点是当活塞受侧压力的作用而改变位置时，环的侧隙相应地发生变化，使沉积在环槽中的积炭结焦被挤出，避免了环被粘在环槽中而失效的情况的发生。常用于热负荷较高的柴油机的第一道气环。

桶面环的特点是活塞环的外圆面为凸圆弧形。当活塞上下运动时，桶面环均能改变形状形成楔形间隙，使机油容易进入摩擦面，从而使活塞环的磨损大为减少。另外，桶面环与汽缸是圆弧接触，故对汽缸表面的适应较好。缺点是其圆弧表面加工较困难。目前已普遍应用于强化柴油机的第一道气环。

扭曲环是矩形环的内圆上边缘切去一部分（如图 2-21（e）所示）或外圆下边缘切去一部分（如图 2-21（f）所示）。将这种环随同活塞装入汽缸时，由于环自身的弹性变形力不对称而产生断面倾斜，其作用原理如图 2-22 所示。

当活塞环装入汽缸，其外侧拉伸力的合力 F_1 与内侧压缩应力的合力 F_2 之间有一力臂 e，于是产生了扭转力偶 M，它使环外圆周扭曲成上小下大的锥形，从而使扭曲环的边缘与环槽的上、下端面接触，防止了活塞环在环槽内上下窜动而造成的泵油作用，同时还增加了密封性，易于磨合，并且有向下的刮油作用。

扭曲环目前在发动机上得到了广泛应用。扭曲环在安装时，必须注意环的断面形状和方向，应将其内圆切槽向上，外圆切槽向下。第一道环多为内圆上边缘切口，不能装反。

（2）油环

油环有两种结构形式：整体式和组合式，如图 2-23 所示。

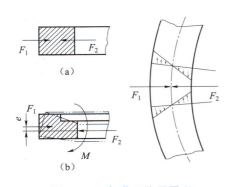

图 2-22 扭曲环作用原理
(a) 矩形断面环；(b) 扭曲环

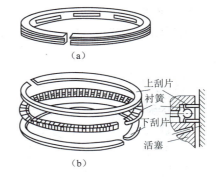

图 2-23 油环
(a) 普通油环；(b) 组合油环

整体式油环用合金铸铁制造，其外圆面的中间切有一道凹槽，在凹槽底部加工出很多穿通的排油小孔或缝隙。

组合油环由上、下刮片和产生径向、轴向弹力的衬簧组成。这种环片很薄，对汽缸壁的压力大，具有刮油作用强、质量小、回油通道大的特点。在高速发动机上得到广泛应用。

油环的刮油作用如图2-24所示。无论活塞上行或下行，油环都能将汽缸壁上多余的机油刮下来。刮下来的机油经活塞上的回油孔流回油底壳。

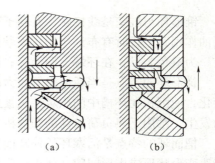

图2-24 油环刮油示意图
(a) 活塞下行；(b) 活塞上行

2.3.1.3 活塞销

活塞销的作用是连接活塞和连杆小头，将活塞承受的气体作用力传给连杆。

活塞销工作时承受很大的周期性冲击载荷，且工作于高温环境中，润滑条件差，因而要求活塞销要有足够的刚度和强度，表面要耐磨，且质量要轻。

活塞销一般采用低碳钢或低碳合金钢，经表面渗碳淬火后再精磨加工。为了减轻质量，活塞销一般做成空心圆柱，空心柱的形状可以是组合形或两段截锥形，如图2-25所示。

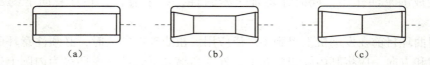

图2-25 活塞销
(a) 圆柱形；(b) 两段截锥与一段圆柱结合；(c) 两段截锥形

活塞销的连接方式有两种：全浮式和半浮式，如图2-26所示。

全浮式连接是指在发动机工作时，活塞销座、活塞销与连杆小头之间都是间隙配合，可以相互转动。这种连接方式增大了实际接触面积，减小了磨损且磨损均匀，因而被广泛采用。为防止工作时活塞销从孔中滑出，必须用卡环将其固定在销座孔内。

半浮式连接是指销与座孔或销与连杆小头两处，一处固定，另一处浮动，其中大多数采用销与连杆小头固定的方式。可以将活塞销压配在连杆小头孔内，也可将活塞销中部与连杆小头用紧固螺栓连接。这种方式不需要卡环，也不需要连杆衬套。

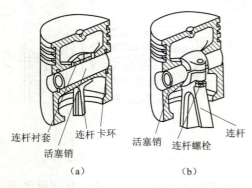

图2-26 活塞销的连接方式
(a) 全浮式；(b) 半浮式

项目二 柴油机曲柄连杆机构

2.3.1.4 连杆组（见图2-27）

连杆的功用是将活塞承受的力传给曲轴,从而使得活塞的往复运动转变为曲轴的旋转运动。连杆承受活塞销传来的气体作用力及其本身摆动和活塞组往复运动的惯性力。这些力的大小和方向都是周期性变化的,因此连杆受到的是压缩、拉伸和弯曲等交变载荷。这就要求连杆在质量尽可能小的条件下,

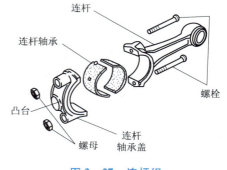

图2-27 连杆组

必须有足够的刚度和强度。若连杆的刚度不够,则可能产生的后果是:其大头孔失圆,导致连杆大头轴瓦因油膜破坏而烧损;连杆杆身弯曲,造成活塞与汽缸偏磨、活塞环漏气和窜油等。

连杆一般用中碳钢或合金钢经模锻或辊锻而成,然后经机械加工和热处理。

连杆（如图2-28所示）由连杆小头、杆身和连杆大头（包括连杆盖）3部分组成。连杆小头与活塞销相连。工作时,小头与销之间有相对转动,因此小头孔中一般压入减磨的青铜衬套。为了润滑活塞销与衬套,在小头和衬套上钻出集油孔或铣出集油槽（如图2-29所示）,用来收集发动机运转时被激飞溅上来的机油,以便润滑。有的发动机的连杆小头采用压力润滑,在连杆身内钻有纵向的压力油通道。

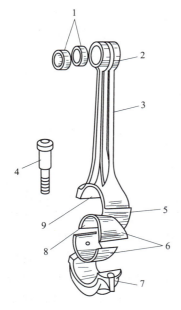

图2-28 连杆组件分解图

1—连杆衬套；2—连杆小头；3—杆身；
4—连杆螺栓；5—连杆大头；6—轴瓦；
7—连杆盖；8—轴瓦上的凸键；9—凹槽

连杆杆身通常做成"工"字形断面,以求在取得强度和刚度足够的前提下减小质量。

连杆大头与曲轴的曲柄销相连,一般做成剖分式的,被分开的部分称为连杆盖,用特制的连杆螺栓紧固在连杆大头上。连杆盖与连杆大头是组合镗孔的,为了防止装配时配对错误,在同一侧刻有记号。大头孔表面有很小的表面粗糙度值,以便与连杆轴瓦紧密贴合。连杆大头上还铣有连杆轴瓦的定位凹坑。有的连杆大头连同轴瓦还钻有1~1.5mm小油孔,从中喷出机油以加强配气凸轮与汽缸壁的激溅润滑。

连杆大小按剖分面的方向可分为平切口和斜切口两种。平切口连杆（如图2-29（b）所示）的剖分面垂直于连杆轴线。一般汽油机连杆大头尺寸都小于汽

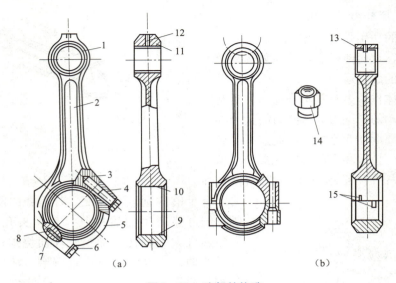

图 2-29 连杆的构造
(a) 斜切口；(b) 平切口
1—连杆小头；2—连杆杆身；3—连杆大头；4、6—连杆螺栓；5—连杆盖；7—锯齿；
8—定位销；9—连杆下轴瓦；10—连杆上轴瓦；11—连杆衬套；12—集油孔；
13—集油槽；14—自锁螺母；15—轴瓦定位槽

缸直径，可以采用平切口。柴油机的连杆，由于受力较大，其大头的尺寸往往超过汽缸直径。为使连杆大头能通过汽缸，便于拆卸，一般采用斜切口连杆（如图2-29（a）所示）。斜切口连杆的大头剖分与连杆轴线成30°~60°夹角。

连杆螺栓是一个承受交变载荷的重要零件，一般采用韧性较高的优质合金钢或优质碳素钢锻造或冷镦成形。连杆大头在安装时必须紧固可靠。连杆螺栓必须以工厂规定的拧紧力矩，分2~3次均匀地拧紧；还必须用防松胶或其他锁紧装置紧固，以防止工作时自动松动。

平切口的连杆盖与连杆的定位，是利用连杆螺栓上的精加工的圆柱凸台或光圆柱部分，与经过精加工的螺栓孔来保证的。

斜切口连杆在工作中受到惯性力的拉伸，在切口方向有一个较大的横向分力，因此在斜切口连杆上必须采用可靠的定位措施。斜切口连杆常用的定位方法有：

① 止口定位（如图2-30（a）所示）的优点是工艺简单；缺点是定位不大可靠，对连杆盖止口向外变形或连杆大头止口向内变形均无法防止。

② 套筒定位（如图2-30（b）所示）是在连杆盖的每一个螺栓孔中压配一个刚度大而且剪切强度高的短套筒。它与连杆大头有精度很高的配合间隙，故拆装连杆盖时也很方便。它的缺点是定位套筒的工艺要求高，若孔距不够准确，则可能因过定位（定位干涉）而造成大头孔严重失圆。此外，连杆大头的横向尺

寸也必然因此而加大。

③ 锯齿定位（如图 2 – 30（c）所示）的优点是锯齿接触面大，贴合紧密，定位可靠，结构紧凑；缺点是对齿距公差要求严格，否则连杆盖装在连杆大头上时，中间会有个别齿脱空。这不仅影响连杆组件的刚度，还会使连杆大头孔失圆。如果能采用拉削工艺，保证齿距公差，则这种定位方式还是较好的。

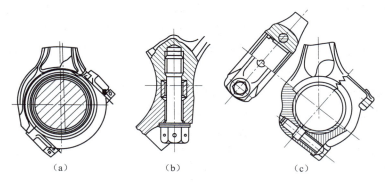

图 2 – 30 斜切口连杆大头的定位方式
（a）止口定位；（b）套筒定位；（c）锯齿定位

安装在连杆大头孔中的连杆轴瓦是剖分成两半的。滑动轴承轴瓦是在厚 1~3 mm 的薄钢背的内圆面上浇铸 0.3~0.7 mm 厚的减磨合金层（如巴氏合金、铜铅合金、高锡铝合金等）而成，如图 2 – 31 所示。减磨合金具有保持油膜、减小摩擦阻力和加速磨合的作用。巴氏合金轴瓦的疲劳强度较低，只能用于负荷不大的汽油机；而铜合金轴瓦或高锡铝合金轴瓦均具有较高的承载能力与耐疲劳性。锡的质量占比在 20% 以上的高锡铝合金轴瓦，在汽油机和柴油机上均得到广泛应用。在铜铅合金和减磨层上再镀一层厚度为 0.02~0.03 mm 的铟或锡，即能用于高强化的柴油机。

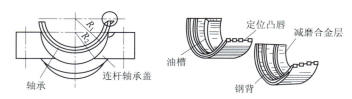

图 2 – 31 连杆轴瓦

连杆轴瓦的背面应有很小的表面粗糙度值。半个轴瓦在自由状态下不是半圆形，当它们装入连杆大头孔内时，因有过盈，故能均匀地紧贴在大头孔孔壁上，因而具有很好的承受载荷和导热的能力，这样可以提高其工作可靠性和延长其使用寿命。

为了防止连杆轴瓦在工作中发生转动或轴向移动，在两个连杆轴瓦的剖分面上，分别冲压出高于钢背面的两个定位凸键。装配时，这两个凸键分别嵌入连杆大头和连杆盖上的相应凹槽中。在连杆轴瓦内表面上还加工有油槽，用以储存润滑油，保证可靠润滑。

V型发动机左右两侧对应两汽缸的连杆是共同连接在一个曲柄销上的，它有三种形式：

① 并列连杆式（如图2-32（a）所示），即相对应的左右两缸的连杆一前一后地装在同一个曲柄销上。这样布置的优点是连杆可以通用，两列汽缸的活塞连杆组的运动规律相同；其缺点是两列汽缸轴线沿曲轴轴向要错开一段距离，因而使曲轴的长度增加，刚度降低。

② 主副连杆式（图2-32（b）），即一列汽缸的连杆为主连杆，其大头直接安装在曲柄销全长上；另一列汽缸的连杆为副连杆，其大头与对应的主连杆大头（或连杆盖）上的两个凸耳做铰链连接。这种结构中，左右两列对应汽缸的主、副连杆与其汽缸中心线位于同一平面内，故不致加大发动机的轴向长度；缺点是主、副连杆不能互换。此外，左右两列汽缸的活塞连杆组的运动规律和受力都不一样。

③ 叉形连杆式（图2-32（c）），即左右两列汽缸的对应两个连杆中，一个连杆的大头做成叉形，跨于另一个连杆的厚度较小的片形大头两端。叉形连杆式布置的优点是两列汽缸中的活塞连杆组的运动规律相同，左右对应的两汽缸轴心线不需要在曲轴轴向上错位；其缺点是叉形连杆大头结构和制造工艺比较复杂，而且大头的刚度不高。

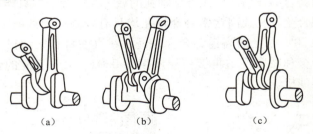

图2-32 主副连杆、叉形连杆和并列连杆
（a）并列连杆；（b）主副连杆；（c）叉形连杆

2.3.2 活塞连杆组的检修

活塞连杆组的检修主要包括活塞、活塞环、活塞销的选配，连杆的检验与校正，活塞连杆组组装时的检验、校正与装配。

2.3.2.1 活塞的选配

（1）活塞的损伤形式

活塞的损伤主要是磨损，包括活塞环槽的磨损、活塞裙部的磨损、活塞销座孔的磨损；而活塞刮伤、顶部烧蚀和脱顶则属于非正常的损伤形式。

（2）活塞的选配

当汽缸的磨损超过规定值及活塞发生异常损坏时，必须对汽缸进行修复，并且要根据汽缸的修理尺过选配活塞。选配活塞时要注意以下几点：

① 选用同一修理尺寸和同一分组尺寸的活塞。活塞裙部的尺寸是以镗磨汽缸的直径为依据的，即汽缸的修理尺寸是哪一级，也要选用哪一级修理尺寸的活塞。只有在选好同一分组活塞后，才能按选定活塞的裙部尺寸进行镗磨汽缸。

② 同一发动机必须选用同一厂牌的活塞。活塞应成套选配，以保证其材料和性能的一致性。

③ 在选配的成套活塞中，尺寸差和质量差应符合要求。成套活塞中，其尺寸差一般为 0.02~0.025 mm，质量差一般为 4~8 g，销座孔的涂色标记应相同。

新型汽车的活塞与汽缸的配合都采用选配法，在汽缸的技术要求已确定的前提下，重点是选配相应的活塞。活塞的修理尺寸级别一般分为 +0.25 mm、+0.50 mm、+0.75 mm、+1.00 mm 等 4 个级别，有的只有 1~2 个级别。在每一个修理尺寸级别中又分为若干组，通常分为 3~6 组不等，相邻两组的直径差为 0.010~0.015 mm。选配时，要注意活塞的分组标记和涂色标记。

有的发动机为薄型汽缸套，活塞不设置修复尺寸，只区分标准系列活塞和维修系列活塞，而且每个系列的活塞中也有若干组供选配。活塞的修理尺寸级别代号常打印在活塞顶部。

（3）活塞裙部尺寸的检测

镗缸时，要根据选配活塞的裙部直径确定镗削量，活塞裙部直径的测量方法如图 2-33 所示。在活塞下部离裙部底边约 15 mm 与活塞销垂直方向处用千分尺测量活塞裙部直径。

（4）配缸间隙的检测

活塞与汽缸壁之间的间隙称为配缸间隙。此间隙应符合标准。检测时可用量缸表测量汽缸的直径，用外径千分尺测量活塞的直径，两者之差即为配缸间隙。也可如图 2-34 所示，将活塞（不装活塞环）放入汽缸中，用塞尺测量其间隙值。

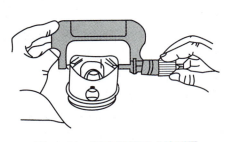

图 2-33 活塞裙部尺寸的测量

图 2-34 配缸间隙的检测

2.3.2.2 活塞环的选配

（1）活塞环的损伤形式

活塞环的损伤主要是磨损。随着活塞磨损的加剧，活塞环的弹力逐渐减弱的同时，端隙、侧隙、背隙也在增大。此外，活塞环还可能折断。

（2）活塞环的选配

除有标准尺寸的活塞环以外，还有与各级别修理尺寸汽缸、活塞相对应的加大尺寸的活塞环。修理发动机时，应按照汽缸的标准尺寸或修理尺寸，选用与汽缸、活塞同级别的活塞环。

在大修时，应优先使用活塞、活塞销及活塞环成套供应配件。

对活塞环的要求除了与汽缸、活塞修理尺寸一致外，还应具有规定的弹力，确保环的漏光度、端隙、侧隙、背隙符合原厂规定。几种常用汽车发动机活塞环的"三隙"数值如表2-1所示。

表2-1 活塞环各部间隙　　　　　　　　　　　　　　　　　　mm

发动机型号	活塞环开口间隙			活塞环侧隙		
	第一道气环	第二道气环	油环	第一道气环	第二道气环	油环
桑塔纳	0.30~0.45	0.25~0.40	0.25~0.50	0.02~0.05	0.02~0.05	0.03~0.08
奥迪	0.30~0.45	0.25~0.40	0.25~0.50	0.02~0.05	0.02~0.05	0.02~0.05
丰田5R型	0.20~0.40	0.15~0.35	0.15~0.35	0.03~0.07	0.03~0.07	0.025~0.07
夏利TJ376Q	0.20~0.70	0.20~0.70	0.20~1.10	0.03~0.12	0.03~0.12	0.03~0.12
切诺基2131-4	0.15~0.35	0.15~0.35	0.15~0.35	0.043~0.081	0.03~0.081	0.03~0.20

① 活塞环端隙的检测。将活塞环平正地放入汽缸内，用活塞顶部把它推平，然后用塞尺测量开口处的间隙，如图2-35所示。

端隙大于规定时，应另选活塞环；小于规定时，可对环口的一端加以挫修。挫修时，应注意环口平整，挫修后环外口应去掉毛刺，以防锋利的环口刮伤汽缸。

② 活塞环侧隙的检测。将活塞环放入环槽内，围绕环槽滚动一周，应能自由滚动，既不松动，又无阻滞现象。用塞尺按如图2-36所示的方法测量，看测量结果是否符合要求。

如侧隙过小，可将活塞环放在有

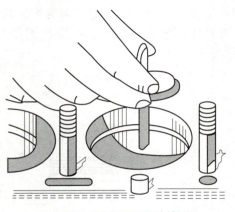

图2-35　活塞环端隙的检测

平板的砂布上研磨，不允许加工活塞；如侧隙过大，则应另选活塞环。

③ 活塞环背隙的检测。在实际测量中，活塞环背隙通常以槽深和环厚之差来表示。检测活塞环背隙的经验方法是：将活塞环置入环槽内，如活塞环低于环槽岸，能转动自如，且无松旷感觉，则间隙合适。

④ 活塞环弹力的检测。活塞环的弹力是指活塞环端隙达到规定值时作用在活塞环上的径向力。活塞环的弹力是保证汽缸密封的必要条件。弹力过弱，汽缸密封性变差，燃油和机油消耗增加，燃烧室积炭严重，发动机动力性、经济性降低；而弹力过大则会使环的磨损加剧。

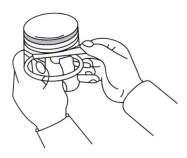

图 2 - 36 活塞环侧隙的检测

活塞环的弹力可用活塞环弹力检测仪检测，其值应符合规定的要求。

⑤ 活塞环漏光度的检测。活塞环漏光度用于检查活塞环的外圆与缸壁贴合的良好程度。漏光度的检查方法如图 2 - 37 所示。将活塞环平正放入汽缸内，用活塞顶部把它推平，在汽缸下部放置一发亮的灯泡，在活塞环上放一直径略小于汽缸内径但能盖住活塞环内圆的盖板，然后从汽缸上部观察漏光处及其对应的圆心角。

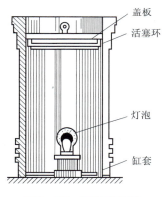

图 2 - 37 漏光度检验

一般要求活塞环局部漏光每处不大于 25°；最大漏光缝隙不大于 0.03 mm；每环漏光处不超过 2 个，每环总漏光度不大于 45°；在活塞环口处 30°范围内不允许有漏光现象。

2.3.2.3 活塞销的选配

发动机大修时，一般应更换活塞销。

活塞销的选配原则是：同一台发动机应选用同一厂牌、同一修理尺寸的成组活塞销；活塞销表面应无任何锈蚀和斑点，表面粗糙度 Ra 不大于 0.20 μm，圆柱误差不大于 0.002 5 mm，质量差在 10 g 范围内。

为了适应修理的需要，活塞销设有 4 级修理尺寸，可根据活塞销和连杆衬套的磨损程度来选择相应修理尺寸的活塞销。

2.3.2.4 连杆的检修

（1）连杆的损伤形式

连杆的损伤有杆身的弯曲、扭转变形；小头孔和大头侧面的磨损等，其中杆身的变形最为常见。

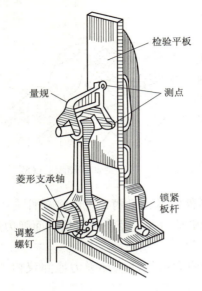

图2-38 连杆检验仪

(2) 连杆变形的检验

连杆变形的检验应该在连杆检验仪上进行，如图2-38所示。检验仪上的菱形支承轴能保证连杆大端孔轴向与检验平板垂直。测量工具是一个带V形槽的"三点规"，三点规上的三点构成的平面与V形槽的对称平面垂直，两个下测点的距离为100 mm，上测点与两个下测点连线的距离也是100 mm。

检验方法如下：

① 将连杆大头的轴承盖装好（不装轴承），按规定力矩把螺栓拧紧，检查连杆大头孔的圆度和圆柱度应符合要求；装上已修配好的活塞销。

② 把连杆大头装在检验仪的支承轴上，拧紧调整螺钉，使定心块向外扩张，把连杆固定在检验仪上。

③ 将V形检验块两端的V形定位面靠在活塞销上，观察V形三点规的三个接触点与检验平板的接触情况，即可检查出连杆的变形方向和变形量。

三点规的3个测点若都与平板接触，则说明连杆没有变形。

若上测点与平板接触，两个下测点不接触且与平板距离一致，或两个下测点与平板接触而上测点不接触，表明连杆弯曲。用塞尺测出点与平板的间隙，即连杆在100 mm长度上的弯曲度，如图2-39（a）所示。

若只有一个下测点与平板接触，另一个下测点与平板不接触，且间隙为上测点与平板间隙的两倍，这时下测点与平板的间隙即连杆在100 mm长度上的扭曲度，如图2-39（b）所示。

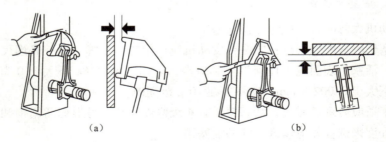

图2-39 连杆弯扭检验
(a) 弯曲；(b) 扭曲

如果一个下测点与平板接触，但另一个下测点与平板的间隙不等于上测点间隙的两倍，这说明连杆弯扭并存。下测点与平板的间隙为连杆的扭曲度；上测点间隙与下测点间隙一半的差值为连杆的弯曲度。

测出连杆小头端面与平板的距离,然后将连杆翻转180°后,再测此距离,若数值不相等,即说明连杆有双重弯曲,两次测量数值之差为连杆双重弯曲度。

(3) 连杆变形的校正

经检验,如果弯、扭程度均超过规定值,则应记住弯、扭方向和数值,并进行校正。

连杆弯曲的校正可在压床或弯曲校正器上进行,用弯曲校正器校正连杆弯曲的方法如图2-40所示。

连杆扭曲的校正可在台虎钳上进行,即将连杆夹在台虎钳上,用扭曲校正器、长柄扳钳或管子钳进行校正。用扭曲校正器校正连杆扭曲的方法如图2-41所示。

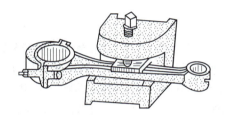

图2-40 连杆弯曲的校正

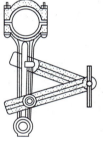

图2-41 连杆扭曲的校正

校正时注意:先校扭,再校弯;避免反复过校正。校正后要进行时效处理,消除弹性后效作用。

2.3.2.5 连杆衬套的修复

(1) 连杆衬套的选配

对于全浮式安装的活塞销,连杆小头内压装有连杆衬套。在大修发动机时,在更换活塞、活塞销的同时,必须更换连杆衬套,以恢复其正常配合。

连杆衬套与连杆小头应有一定量的过盈(如桑塔纳轿车的发动机为0.06~0.10 mm),以保证衬套在工作时不滑出。可通过分别测量连杆小头内径(如图2-42所示)和新衬套外径(如图2-43所示)的方法求得过盈量。

图2-42 连杆小头内径的测量

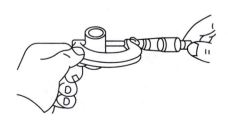

图2-43 连杆衬套外径的测量

新衬套的压入可在台虎钳上进行。压入前，应检查连杆小头有无毛刺，以免擦伤衬套外圆。压入时，衬套倒角应朝向连杆小头倒角一侧，并将其放正，同时对正衬套的油孔和连杆小头的油孔，确保润滑油流动畅通。

（2）连杆衬套的修配

活塞销与连杆衬套的配合，在常温下应有 0.005～0.010 mm 的间隙，接触面积应在 75% 以上。如果配合间隙过小，可以将连杆夹到内圆磨床上进行磨削，并留有研磨余量；再将活塞销插入连杆衬套内配对研磨。研磨时可加少量机油，将活塞销夹在台虎钳，沿活塞销轴线方向扳动连杆，应有无间隙感觉（如图 2-44 所示）；加入机油扳动时无"气泡"产生；把连杆置于与水平面成 75°角时应停住，轻拍连杆徐徐下降，此时配合间隙为合适。

经过加工的衬套，应能用大拇指手动把活塞销推入连杆衬套内，并有不存在间隙的感觉，如图 2-45 所示。

2.3.2.6 活塞连杆组的装配

活塞与连杆的装配通常采用热装法。将活塞放入水中加热至 353～373 K，取出后迅速擦净，并涂以机油，插入活塞销座孔和连杆衬套中，然后装入销环。

装配时注意：活塞与连杆的缸序和安装方向不得错乱，要按照装配标记进行安装，如图 2-46 所示。如标记不清或不能确认时，可结合连杆的结构加以识别。

图 2-44　连杆衬套修配质量检验

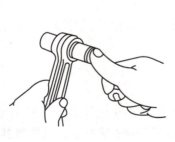

图 2-45　检查活塞销与连杆衬套的配合

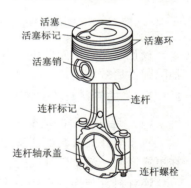

图 2-46　活塞连杆组的正确安装

图 2-47　活塞环的正确安装

安装活塞环时，应采用专用工具，如图 2-47 所示。要特别注意各道环的类型、规格、顺序及安装方向，并注意各道环的开口交错布置。

2.4 曲轴飞轮组

2.4.1 曲轴飞轮组的构成

曲轴飞轮组主要由曲轴、飞轮以及其他不同功用的零件和附件组成。其零件和附件的种类、数量取决于发动机的结构和性能要求。典型的实例如图 2-48 所示。

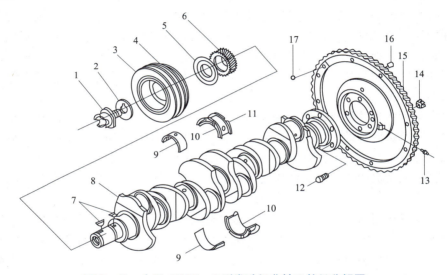

图 2-48　东风 6100Q-1 型发动机曲轴飞轮组分解图

1—起动爪；2—起动爪锁紧垫圈；3—扭转减振器；4—带轮；5—挡油片；6—定时齿轮；7—半圆键；8—曲轴；9—主轴承上下轴瓦；10—中间主轴瓦；11—止推片；12—螺柱；13—润滑脂嘴；14—螺母；15—齿环；16—圆柱销；17—第一缸、第六缸活塞处在上止点时的记号（钢球）

（1）曲轴

曲轴的功用是承受连杆传来的力，并由此造成绕其本身轴线的力矩。在发动机工作中，曲轴受到旋转质量的离心力、周期性变化的气体压力和往复惯性力的共同作用，使曲轴承受弯曲与扭转载荷。为了保证工作可靠，要求曲轴具有足够的刚度和强度，各工作表面要耐磨而且润滑良好。

如图 2-49 所示，曲轴主要由 3 个部分组成：曲轴的前端（或称自由端）轴；若干个曲柄销和它左右两端的曲柄，以及前后两个主轴颈组成的曲拐；由轴后端（或称功率输出端）凸缘。

曲轴的曲拐数取决于汽缸的数目和排列方式，即直列式发动机曲轴的曲拐数

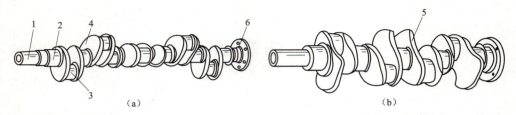

图 2-49 曲轴

(a) 解放 CA6102 型发动机曲轴；(b) 北京 BJ492 型发动机曲轴
1—前端轴；2—主轴颈；3—连杆轴颈（曲柄销）；4—曲柄；5—平衡重；6—后端凸缘

等于汽缸数；而 V 型发动机曲轴的曲拐数则等于汽缸数的一半。

　　按照曲轴的主轴颈数，可以把曲轴分为全支承曲轴和非全支承曲轴两种。在相邻的两个曲拐之间，都设置一主轴颈的曲轴，称之为全支承曲轴；否则称为非全支承曲轴。因此，直列式发动机的全支承曲轴的主轴颈总数（包括曲轴前端的和后端的主轴颈）比汽缸数多一个；V 型发动机的全支承曲轴的主轴颈总数比汽缸数的一半多一个。

　　全支承曲轴的优点是可以提高曲轴的刚度和弯曲强度，并且可减轻主轴承的载荷；缺点是曲轴的加工表面增多，主轴承增多，使机体加长。两种支承形式的曲轴均可用于汽油机，但柴油机多采用全支承曲轴，这是因为其载荷较大的缘故。多缸发动机的曲轴一般做成整体式的。采用滚动轴承作为曲轴主轴承的整个曲轴，其相应的汽缸体必须是隧道式的。

　　曲轴要求用强度、冲击韧度和耐磨性都比较好的材料制造，一般采用中碳钢或中碳合金钢模锻。为了提高曲轴的耐磨性，其主轴颈和曲柄销表面上均需高频淬火或渗氮，再经过精磨，以达到高的精度和较小的表面粗糙度值。在一些强化程度不高的发动机上，还采用高强度的稀土球墨铸铁铸造曲轴。

　　曲柄销大都做成空心的，目的在于减小质量和离心力。从主轴承经曲柄孔道输来的机油就储存在此空腔中，曲柄销与轴瓦上钻有径向孔与此油腔相通。有的结构中，在此小孔内插入一个吸油管，管口于油腔的中心。这样，当曲轴旋转时，进入油腔的机油在离心力的作用下，将较重的杂质甩向油腔壁，油腔中心的清洁机油即可经油道流到曲柄销工作表面。为了防止吸油管堵塞，应按时清除杂质。

　　平衡重用来平衡发动机不平衡的离心力和离心力矩，有时还用来平衡一部分往复惯性力。对于四缸、六缸等多缸发动机，由于曲柄对称布置，往复惯性力和离心力及其产生的力矩，从整体上看都能相互平衡，但曲轴的局部却受到弯曲作用。从图 2-50（a）中可以看到，第一和第四曲柄销的离心力 F_1 和 F_4 与第二和第三曲柄销的离心力 F_2 和 F_3 因大小相等、方向相反而互相平衡；F_1 和 F_2 形成的力偶矩 M_{1-2} 与 F_3 和 F_4 形成的力偶矩 M_{3-4} 也能互相平衡，但两个力偶矩都给曲轴造成了弯曲载荷。曲轴若刚度不够就会产生弯曲变形，引起主轴颈和轴承偏磨。为了减轻主轴承负荷，改善其工作条件，一般都在曲柄的相反方向设置平衡重，如图 2-50 (b) 所示。

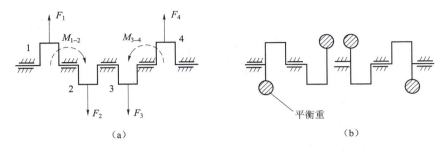

图 2-50 曲轴平衡重作用示意
(a) 受力平衡；(b) 设置平衡重

由图可见，平衡重所造成的弯矩可以同 M_{1-2} 和 M_{3-4} 造成的弯矩平衡。有的发动机的平衡重与曲柄是一体的，有的则单独制造并用螺钉安装在曲轴上。一般四缸发动机设置 4 块平衡重，六缸发动机可设置 4 块、6 块、8 块平衡重，甚至在所有曲柄下均设有平衡重。

曲轴前端（如图 2-51 所示）装有驱动配气凸轮轴的定时齿轮、驱动风扇和水泵的带轮以及止推片等。为了防止机油沿曲轴颈外漏，在曲轴前端上有一个甩油盘，它随着曲轴旋转。被齿轮挤出和甩出来的机油落到盘上时，由于离心力的作用，被甩到齿轮室的壁面上，再沿壁面流下来，回到油底壳中，即使还有少量机油落到甩油盘前面的曲轴轴段上，也被压配在齿轮室盖上的油封挡住。甩油盘的外斜面应向后，如果装错，效果将适得其反。

此外，在中、小型发动机的曲轴前端还装有起动爪（如图 2-51 所示），以便必要时用人力转动曲轴，使发动机起动。

曲轴后端有安装飞轮用的凸缘。为防止机油从曲轴后端漏出，通常在曲轴后端车出油螺纹或安装其他封油装置。

发动机工作时，曲轴经常受到离合器施加于飞轮的轴向力作用而有轴向窜动的趋势。曲轴窜动将破坏曲柄连杆机构各零件正确的相对位置，故必须用止推轴承（一般是滑动轴承）加以限制；而在曲轴受热膨胀时，又应允许它能自由伸长，所以曲轴上只能有一处设置轴向定位装置。

滑动止推轴承的形式有两种：翻边轴瓦的翻边部分；单制的具有减磨合金层的止推片（如图 2-52 所示）。后者应用更为广泛。

曲轴的形状、各曲拐的相对位置，取决于缸数、汽缸排列方式（单列或 V 型等）和发火次序。在安排多缸发动机的发火次序时，应注意使连续做功的两缸相距尽可能远，以减轻主轴承的载荷，同时避免可能发生的进气重叠现象（即相

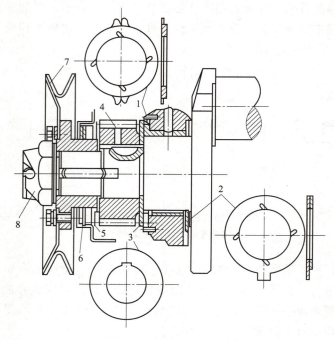

图 2-51　曲轴前端的结构
1、2—滑动推力轴承；3—止推片；4—定时齿轮；5—甩油盘；6—油封；7—带轮；8—起动爪

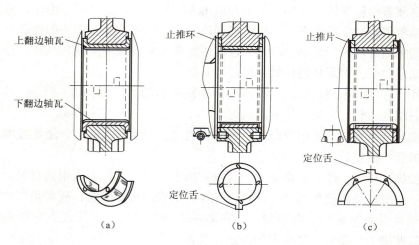

图 2-52　止推装置
（a）翻边轴瓦；（b）止推环；（c）止推片

邻两缸进气门同时开启），以避免影响充气；做功间隔应力求均匀，也就是说，在发动机完成一个循环的曲轴转角内，每个汽缸都应发火做功一次，而且各缸发火的间隔时间（以曲轴转角表示，称为发火间隔角）应力求均匀。对缸数为 i 的

四冲程发动机而言,发火间隔角为720°/i,即曲轴每转720°/i时,就应有一缸做功,以保证发动机运转平稳。

四冲程直列四缸发动机的发火次序:发火间隔角应为720°/4=180°。其曲拐布置如图2-53所示,4个曲拐布置在同一平面内。发火次序有两种可能的排列法,即1-3-4-2或1-2-4-3,它们的工作循环分别如表2-2和表2-3所示。

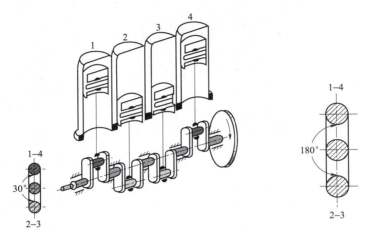

图2-53 直列四缸发动机的曲拐布置

表2-2 发火次序为1-3-4-2的四缸发动机的工作循环

曲轴转角/(°)	第一缸	第二缸	第三缸	第四缸
0~180	做功	排气	压缩	进气
180~360	排气	进气	做功	压缩
360~540	进气	压缩	排气	做功
540~720	压缩	做功	进气	排气

表2-3 发火次序为1-2-4-3的四缸发动机的工作循环

曲轴转角/(°)	第一缸	第二缸	第三缸	第四缸
0~180	做功	压缩	排气	进气
180~360	排气	做功	进气	压缩
360~540	进气	排气	压缩	做功
540~720	压缩	进气	做功	排气

四冲程直列六缸发动机的发火次序:因缸数$i=6$,所以发火间隔角应为

720°/6=120°。这种曲拐布置如图2-54所示，6个曲拐分别布置在3个平面内，各平面夹角均为120°。曲拐的具体布置有两种方案：第一种发火次序是：1-5-3-6-2-4，这种方案应用比较普遍，国产汽车的六缸发动机的发火次序都用这种，其工作循环在表2-4中列出；另一种发火次序是：1-4-2-6-3-5。

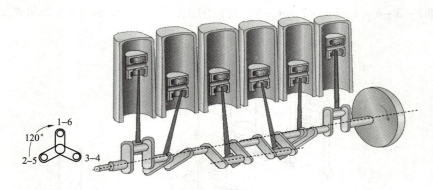

图2-54 直列六缸发动机的曲拐布置

表2-4 发火次序为1-5-3-6-2-4的六缸发动机的工作循环

曲轴转角/(°)		第一缸	第二缸	第三缸	第四缸	第五缸	第六缸
0~180	60	做功	排气	进气	做功	压缩	进气
	120						
	180			压缩	排气		
180~360	240	排气	进气			做功	压缩
	300						
	360			做功	进气		
360~540	420	进气	压缩			排气	做功
	480						
	540			排气	压缩		
540~720	600	压缩	做功			进气	排气
	660						
	720		排气	进气	做功		压缩

四冲程V型八缸发动机的发火次序：缸数 $i=8$，所以发火间隔角应为720°/8=90°。V型发动机左右两列中相对应的一对连杆共用一个曲拐，所以V型八缸发动机只有4个曲拐，其布置可以与其四缸发动机一样，4个曲拐布置在一个平面内，也可以布置在两个互相垂直的平面内，发火次序一般为：1-8-4-3-6-5-7-2（见表2-5）。

项目二 柴油机曲柄连杆机构

表2-5 发火次序为1-8-4-3-6-5-7-2的八缸发动机的工作循环

曲轴转角/(°)		第一缸	第二缸	第三缸	第四缸	第五缸	第六缸	第七缸	第八缸
0~180	90	做功	做功	进气	压缩	排气	进气	排气	压缩
	180	做功	排气	压缩	压缩	进气	进气	排气	做功
180~360	270	排气	排气	压缩	做功	进气	压缩	进气	做功
	360	排气	进气	做功	做功	压缩	压缩	进气	排气
360~540	450	进气	进气	做功	排气	压缩	做功	压缩	排气
	540	进气	压缩	排气	排气	做功	做功	压缩	进气
540~720	630	压缩	压缩	排气	进气	做功	排气	做功	进气
	720	压缩	做功	进气	进气	排气	排气	做功	压缩

(2) 飞轮

飞轮是一个转动惯量很大的圆盘，其主要功用是将在做功行程中传输给曲轴的功的一部分储存起来，用以在其他行程中克服阻力，带动曲柄连杆机构越过上、下止点，保证曲轴的旋转角速度和输出转矩尽可能均匀平稳，并使发动机有可能克服短时间的超载荷。此外，在结构上飞轮又往往用做汽车传动系统中摩擦离合器的驱动件。

为了保证有足够的转动惯量，并尽可能减小飞轮的质量，应使飞轮的大部分质量都集中在轮缘上，因而轮缘通常做得宽而厚。

飞轮多采用灰铸铁制造，当轮缘的圆周速度超过50 m/s时，要采用强度较高的球铁或铸钢制造。

飞轮外缘上压有一个齿环，可与起动机的驱动齿轮啮合，供起动发动机用。飞轮上通常刻有第一缸发火定时记号，以便校准发火时间。如图2-55所示，解放CA6102型发动机的正时记号是"上止点/1-6"，当这个记号与飞轮壳上的刻线对正时，即表示1-6缸的活塞处在上止点位置。

多缸发动机的飞轮应与曲轴一起进行平衡，否则在旋转时因质量不平衡而产生的离心力，将引起发动机振动并加速主轴承的磨损。为了在拆装时不破坏它们的平衡状态，飞轮与曲轴之间应有严格的相对位置，通常用定位销或不对称布置螺栓予以保证。

(3) 曲轴扭转减振器

曲轴是一个扭转弹性系统，本身具有一定的自振频率。在发动机工作过程中，经连

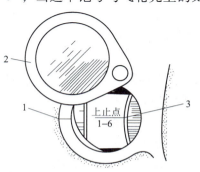

图2-55 发动机发火定时记号

1—离合器外壳的记号；
2—观察孔盖板；3—飞轮上的记号

杆传给曲柄销的作用力的大小和方向都是周期性变化的，这种周期性变化的激振力作用在曲拐上，引起曲拐回转的瞬时角速度也呈周期性变化。由于固装在曲轴上的飞轮转动惯量大，其角速度基本上可看做是均匀的。这样，曲拐便会忽而比飞轮转得快，忽而又比飞轮转得慢，形成相对于飞轮的扭转摆转，也就是曲轴的扭转振动。当激力频率与曲轴自振频率成整数倍时，曲轴扭转振动便因共振而加剧。这将使发动机功率受到损失，定时齿轮或链条磨损增加，严重时甚至将曲轴扭断。为了消减曲轴的扭转振动，有的发动机在曲轴前端装有扭转减振器。

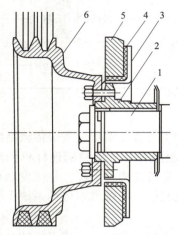

图2－56　橡胶摩擦式扭转减振器

1—曲轴前端；2—带轮轮毂；3—减振器圆盘；
4—橡胶垫；5—惯性盘；6—带轮

汽车发动机常用的曲轴扭转减振器是摩擦式减振器，其工作原理是使曲轴扭转振动能量消耗于减振器内的摩擦，从而使振幅减小。

图2－56所示为发动机曲轴上装的橡胶摩擦式扭转减振器。转动惯量较大的惯性盘用一层橡胶垫和由薄钢片冲压制成的圆盘相连。圆盘和惯性盘都同橡胶垫板硫化黏结。圆盘的毂部用螺栓固装于曲轴前端的风扇带轮上。当曲轴发动机扭转振动时，曲轴前端的角振幅最大，而且通过带轮轮毂带动圆盘一起振动。惯性盘则因转动惯量较大而实际上相当于一个小型的飞轮，其转动角速度也比圆盘均匀得多。这样，惯性盘就同圆盘有了相对角振动，从而使橡胶垫产生正反方向交替变化的扭转变形。这时，由于橡胶垫变形而产生的橡胶内部的分子摩擦，消耗扭转振动能量，整个曲轴的扭转振幅将减小，从而避免在常用的转速内出现共振。

橡胶减振器的主要优点是结构简单、质量小、工作可靠，所以在汽车发动机上应用广泛。其缺点是对曲轴扭转振动的衰减作用不够强，而且橡胶由于内摩擦生热升温而容易老化。

（4）主轴承

主轴承（俗称大瓦），装于主轴承座孔中，将曲轴支承在发动机的机体上。主轴承的结构与连杆轴承相同，如图2－57所示。为了向连杆轴承输送机油，在主轴承上都开有周向油槽和通油孔。有些负荷

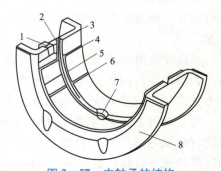

图2－57　主轴承的结构

1—凸肩；2—油槽；3—钢质薄壁；
4—基层；5—镍涂层；6—磨耗层；
7—油孔；8—卷边

不大的发动机，为了通用化起见，上、下两半轴瓦上都制有油槽，有些发动机只在上轴瓦开有油槽和通油孔，而负荷较重的下轴瓦不开油槽。同时，在相应的主轴颈上开有径向通孔，这样，主轴承便能不间断地向连杆轴承供给机油。注意：后一种主轴瓦的上、下片不能互换，否则主轴承的来油通道将被堵塞。

2.4.2 曲轴飞轮组的检修

曲轴飞轮组的检修内容包括曲轴的检修、轴承的选配、飞轮的检修等。曲轴飞轮组中受力最复杂的零件是曲轴，在发动机修理中必须对曲轴进行检验和修理。

2.4.2.1 曲轴的检修

（1）曲轴的损伤形式

曲轴的损伤形式主要有磨损、变形、裂纹甚至断裂。

磨损主要发生在曲轴主轴颈和连杆轴颈的部位，且磨损是不均匀的，但曲轴的磨损有一定规律性。主轴颈和连杆轴颈的最大磨损部位相互对应，即各主轴颈的最大磨损部位靠近连杆轴颈一侧；而连杆轴颈的最大磨损部位也在主轴颈一侧。另外，曲轴轴颈沿径向还有锥形磨损，在与连杆轴颈油道的油流相背一侧磨损严重。各轴颈不同方向的磨损，导致主轴颈同轴度精度被破坏，容易造成曲轴断裂。

变形的方式主要是弯曲和扭曲，是由于使用和修理不当造成的，如发动机在爆燃和超负荷等条件下工作；个别汽缸不工作或工作不均衡；各个主轴承松紧度不一致等，都会造成曲轴承载后的弯曲变形。扭曲变形主要是烧瓦和个别活塞卡缸造成的。

裂纹多发生在曲柄与轴颈之间的过渡圆角处以及油孔处，多由应力集中引起。前者为横向裂纹，危害极大，严重时可造成曲轴断裂；后者为轴向裂纹，沿斜置油孔的轴向发展，同时存在危害性，必要时也应更换曲轴。

（2）曲轴磨损的检修

① 轴颈磨损的检验。曲轴轴颈磨损情况的检验，主要是用外径千分尺测量轴颈的直径、圆度误差和圆柱度误差。一般根据圆柱度误差确定轴颈是否需要修磨，同时也可确定修理尺寸。

通常按磨损规律进行测量，先在轴颈磨损最大的部位测量，找出最小直径；然后在轴颈磨损最大的部位测量，找到最大直径。主轴颈和连杆轴颈磨损后，其圆度、圆柱度误差超出标准要求时（如桑塔纳2000型发动机曲轴主轴颈和连杆轴颈的圆度、圆柱度误差的磨损极限为0.02 mm），应进行曲轴的光磨修理。

② 轴颈的修磨。在小修时，轴颈某较轻的表面损伤，可用油石、细锉刀或砂布加以修磨。

大修发动机时，对轴颈磨损已超过规定的曲轴，可用修理尺寸对曲轴主轴颈、连杆轴颈进行光磨修理。其修理尺寸一般以每缩小0.25 mm为一级。常见车型的发动机曲轴轴颈修理尺寸如表 2-6 所示。

表 2-6　常见车型发动机曲轴轴颈修理尺寸　　　　　　　　　　　mm

不同车型曲线	各级减小的尺寸				不同车型曲线	各级减小的尺寸			
	级别	1	2	3		级别	1	2	3
桑塔纳 1.8 L	主轴颈	53.75	53.50	53.25	一汽奥迪 100	连杆轴颈	47.55	47.30	47.05
	连杆轴颈	47.55	47.30	47.05	北京切诺基	主轴颈	63.25	63.00	62.75
一汽奥运 100	主轴颈	53.75	53.50	53.25		连杆轴颈	53	52.75	52.50

曲轴光磨前，应检查裂纹情况。磨削加工设备通常采用专用曲轴磨床，各道主轴颈、连杆轴颈分别磨成同一级修理尺寸，以便选择统一的轴承。

轴颈光磨，除了要恢复轴颈的尺寸精度和几何形状精度外，还必须注意恢复各轴颈的同轴度、平行度、曲柄半径以及各连杆轴颈间的夹角等相互的位置精度。同时还应保证曲轴中心线的位置不变，以保证曲轴原有的平衡性。

（3）曲轴弯曲变形的检修

① 弯曲变形的检验。检验弯曲应以两端主轴颈的公共轴线为基准，检查中间主轴颈的径向圆跳动误差，如图 2-58 所示。检验时，将曲轴两端主轴颈分别放置在检验平板的 V 形块上，将百分表测头垂直地抵在中间主轴颈上，慢慢转动曲轴一圈，百分表指针所指示的最大读数与最小读数之差，即中间主轴颈的径向圆跳动误差值。

② 弯曲变形的校正。曲轴的径向圆跳动误差不得大于 0.15 mm，否则应进行校正。

曲轴弯曲变形的校正，一般采用冷压校正或敲击校正法。当变形量不大时，可采用敲击校正法，即用锤子敲击曲柄边缘的非工作表面，使被敲击表面产生塑性残余变形，达到校正弯曲的目的。冷压校正是将曲轴用 V 形铁架住两端主轴颈，用油压机沿曲轴弯曲相反方向加压，如图 2-59 所示。由于钢质曲轴的弹性作用，压弯量应为曲轴弯曲量的 10~15 倍，并保持 2~4 min；为减小弹性后效作用，最好采用人工时效法消除。

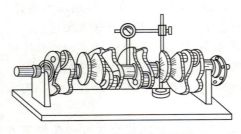

图 2-58　曲轴弯曲的检测

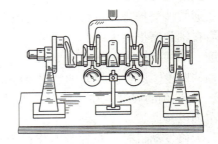

图 2-59　曲轴弯曲的冷压校正

(4) 曲轴扭曲变形的检修

① 扭曲变形的检验。曲轴扭曲变形检验的支承方法和弯曲检验一样，也是将曲轴两端主轴颈分别放置在检验平板的 V 形块上，保持曲轴水平，使两端同一曲柄平面内的两个连杆轴颈位于水平位置，用百分表测量两轴颈最高点至平板的高度差 ΔA，并据此求得曲轴主轴线的扭曲角 θ：

$$\theta = 360 \cdot \Delta A / 2\pi R = 57 \cdot \Delta A / R$$

式中，R——曲柄半径。

② 扭曲变形的校正。曲轴扭曲变形量一般很小，可直接在曲轴磨床上结合对连杆轴颈磨削时予以修正。

(5) 曲轴裂纹的校正

裂纹的检验方法有磁力探伤法和浸油敲击法。

磁力探伤的原理是：当磁感线通过被检验的零件时，零件即被磁化。如果零件表面有裂纹，则磁感线就会因裂纹不导磁而被中断，使磁感线偏散而形成磁极。此时，在零件表面撒上磁性铁粉，铁粉便被磁化而吸附在裂纹处，从而显现出裂纹的部位和大小。

浸油敲击法是曲轴置于煤油中浸一会，取出后擦净表面煤油并撒上白粉，然后分段用小锤轻轻敲击，如有明显的油迹出现，就说明该处有裂纹。

如曲轴出现裂纹，则一般应更换。

2.4.2.2 曲轴轴承的选配

曲轴轴承在工作中会发生磨损、合金层疲劳剥落和黏着咬死等现象；轴承的径向间隙超限后，因轴承对机油流动阻尼能力减弱，可使主油道压力降低而破坏轴承的正常润滑。发生上述情况应更换轴承。修理发动机总成时，也应更换全部轴承。

轴承的选配包括选择合适内径的轴承，以及检测轴承的高出量、自由弹开量、定位凸点和轴承钢背表面质量等内容。

(1) 选择轴承内径

根据曲轴轴承的直径和规定的径向间隙选择合适内径的轴承。现代发动机曲轴轴承在制造时，根据选配的需要，其内径直径已制成一个尺寸系列。

(2) 检测轴承钢背质量

要求定位凸点完整，轴承钢背应光整无损。

(3) 检测轴承自由弹开量

要求轴承在自由状态下的曲率半径大于座孔的曲率半径，保证轴承压入座孔后，可借轴承自身的弹力作用与轴承座贴合紧密，如图 2-60 所示。

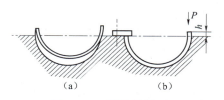

图 2-60 轴承的检测

(a) 检查弹开量；(b) 检查高出量

(4) 检测轴承的高出量

轴承装入座孔内，上、下两片的每端均应高出轴承座平面 0.03～0.05 mm，称为高出量。轴承高出座孔，以保证轴承与座孔紧密贴合，提高散热效果。

2.4.2.3 飞轮的检修

飞轮常见的损伤形式主要是齿圈磨损、打坏、松动、端面打毛；飞轮与离合器摩擦片接触的工作面磨损起槽、刮痕等。

（1）更换齿圈

飞轮齿圈有断齿或齿端冲击耗损，与起动机齿轮啮合状况发生变化时，应更换齿圈或飞轮组件。齿圈与飞轮配合过盈为 0.30～0.60 mm，更换时，应先将齿圈加热至 623～673 K，再进行热压配合。

（2）修整飞轮工作平面

飞轮工作平面有严重烧灼或磨损沟槽深度超过 0.50 mm 或飞轮端面圆跳动误差超过 0.50 mm 时，应进行光磨修整。

飞轮端面圆跳动误差的检查方法是：将百分表架装在飞轮壳上，将表的测量头靠在飞轮的光滑端面上，旋转表盘，使"0"位对正指针，转动飞轮一圈，百分表的读数差，即为端面圆跳动误差。

修整并与曲轴装配后的飞轮端面圆跳动误差不得大于 0.15 mm，飞轮厚度极限减薄量为 1 mm。

（3）曲轴、飞轮、离合器总成组装后进行动平衡试验

组件动不平衡量应不大于原厂规定。只要更换飞轮或齿圈、离合器压盘或总成之后，都应重新进行组件的动平衡试验。

2.4.2.4 曲轴轴向和径向间隙的检查与调整

（1）轴向间隙的检查与调整

为了适应发动机正常工作的需要，曲轴必须留有合适的轴向间隙。若间隙过小，则会使机件因受热膨胀而卡死；若轴向间隙过大，曲轴工作时将产生轴向窜动，不仅会加速汽缸的磨损，活塞连杆组也会不正常磨损，还会影响配气相位和离合器的正常工作。因此，曲轴装到汽缸体上之后，应检查其轴向间隙。

曲轴轴向间隙的检查可采用百分表或塞尺进行。将百分表触头顶在曲轴平衡重上，用撬棒前后撬动曲轴，观察表针摆动数值，此数值即曲轴轴向间隙，如图 2-61 所示。用撬棒将曲轴撬向一端，再用塞尺检查推力轴承和曲轴止推面之间的间隙，此数值即曲轴轴向间隙，如图 2-62 所示。

此间隙应符合规定，轴向间隙过大或过小时，应更换不同厚度的止推垫片进行调整。

（2）径向间隙的检查与调整

曲轴径向也必须留有适当间隙，因为轴承的适当润滑和冷却均取决于曲轴径向间隙的大小。若曲轴径向间隙过小，则会使阻力增大，加重磨损，使轴瓦划伤；

项目二　柴油机曲柄连杆机构

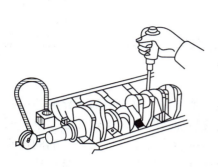
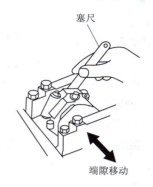

图 2-61　用百分表检查曲轴轴向间隙　　　　图 2-62　用塞尺检查曲轴轴向间隙

而若曲轴径向间隙太大，曲轴则会上下敲击，并使机油压力降低，曲轴表面过热并与轴瓦烧熔到一起。曲轴的径向间隙可用塑料间隙塞尺检查，如图 2-63 所示。

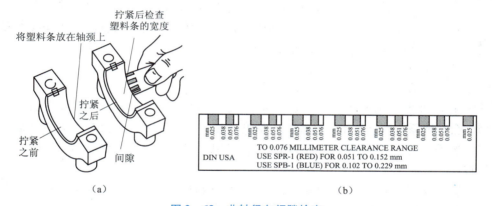

图 2-63　曲轴径向间隙检查
（a）检查方法；（b）塑料间隙塞尺

首先清洁曲轴主轴颈、连杆轴颈、轴瓦和轴承盖，将塑料间隙塞尺（或软金属丝）放置在曲轴轴颈上（不要将油孔盖住），盖上轴承盖并按规定扭力拧紧螺栓（注意：不要转动曲轴）；然后取下轴承盖和塑料间隙塞尺，用被压扁的塑料间隙塞尺和间隙宽度相对照，查得间隙条宽度（或测量软金属丝厚度）对应的间隙值即曲轴的径向间隙。

如果径向间隙不符合规定，应重新选配轴承。

2.5　曲柄连杆机构异响的诊断

由于曲柄连杆机构零部件的松动、配合间隙过大、配合表面损伤和润滑不良，使零部件之间振动、碰撞而产生的响声，称之为曲柄连杆机构异响。异响常与发动机的负荷、转速和温度等有密切关系。诊断异响时，常用发动机加速、断油等方法进行诊断。将一个汽缸高压油断掉，使其不工作，称为单缸断油；也可以将相邻两缸的高压油同时断掉，进行诊断。

（1）曲轴轴承响（瓦响）

曲轴的主轴承与连杆轴承之间都有可能发生异响。曲轴主轴承异响的声音比较沉闷，随发动机加速而声音变大，尤其是突然加速时声音比较明显。单缸断油时，声音无明显变化，相邻两缸断油时，响声可能消失。连杆轴承异响的声音比较清脆，发动机的转速和负荷的增大，都会使响声明显增大。尤其是加速时，会听到明显的"嗒、嗒"声。单缸断油时，响声可能会明显减弱甚至消失。

产生瓦响的原因是：轴承烧蚀、异常磨损导致轴承间隙增大；螺栓松动导致轴承盖松动使轴承间隙增大等。润滑不良会加剧异响的声音。

发动机瓦响时，必须立即停车，诊断清原因后进行修理；否则会造成严重后果。对柴油机瓦响进行单缸断油与加速试验诊断时，一定要慎重，加速幅度不能过大；否则会造成曲轴断裂的严重后果。

（2）活塞敲缸响

柴油机活塞敲缸，可能有以下原因：

① 喷油器雾化不良、各缸喷油量不一致和喷油器滴漏等燃料系统方面的原因，会造成敲缸响；汽缸产生拉缸、活塞环粘环等故障时，也会产生类似敲缸的窜气响等。由于上述原因造成的敲缸响，可用单缸断油的方法诊断出产生响声的汽缸。

② 活塞与汽缸之间的间隙增大，会产生敲缸响。此时，响声与发动机的温度有关。当发动机温度低时，响声严重；随着发动机温度的升高，敲缸响声会明显减轻。

③ 发动机温度升高时，产生敲缸响，往往发生于刚刚大修完的发动机。主要由活塞偏缸、各部件配合间隙不当造成，应立即进行检修；否则会造成拉缸、粘缸和粘环等故障。

项目三
柴油机配气机构的构造与检修

3.1 配气机构的作用和组成、布置、传动

3.1.1 配气机构的作用

配气机构的功用是按照发动机各缸做功顺序和发动机每一缸工作循环的要求，定时将各缸进气门和排气门打开和关闭，使新鲜气体进入汽缸，而使燃烧后的废气排出汽缸。

配气机构布置要合理，配气相位要正确，气门关闭后密封性要好。这样，进、排气阻力就会小，汽缸内残留废气量也会少，发动机的进气量会增加，发动机输出功率就会增大。

3.1.2 配气机构的组成

如图3-1所示，配气机构由气门组和气门传动组组成。气门组用来密封进、排气道口；气门传动组用来使气门打开与关闭，控制气门启闭时刻和启闭规律。气门组由气门、气门导管、气门弹簧和弹簧座等组成；气门传动组主要包括凸轮轴、挺柱（挺杆）、推杆和摇臂等总成。

3.1.3 配气机构的布置

（1）气门组的结构

如图3-2所示，气门导管固定在缸盖气门导管座孔内，为气门运动进行导向。气门穿过气门导管，气门头部与进、排气道口的气门座圈贴合，气门尾端通过锁片单向固定有弹簧座。气门弹簧套于气门杆外围，下端与缸盖接触，上端抵住弹簧座。气门弹簧安装好后，弹簧受到压缩，产生预紧力，使气门将气道紧紧关闭。

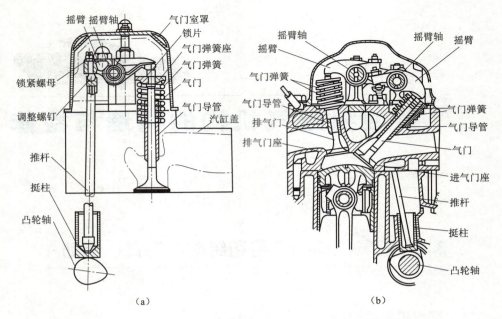

图 3-1 柴油机配气机构的组成与布置
（a）凸轮轴下置式；（b）凸轮轴中置式

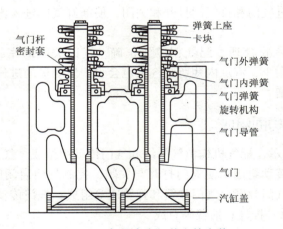

图 3-2 气门在汽缸盖上的安装

(2) 气门传动组结构

摇臂轴通过摇臂轴支架支承于缸盖上端面上，摇臂套装于摇臂轴上，可绕摇臂轴摆动。摇臂为不等臂杠杆，长臂端与气门尾端接触，短臂端与推杆接触。

凸轮轴支承于缸体曲轴箱曲轴一侧，挺柱安装于缸体挺柱导管孔内，下端与凸轮接触。推杆为一细长杆，下端与挺柱接触，上端穿过缸盖与摇臂的短臂端接触。

3.1.4 配气机构的驱动

(1) 凸轮轴的布置与齿轮驱动

配气机构由发动机曲轴通过正时齿轮进行驱动。正时齿轮位于正时齿轮室内。凸轮轴根据在缸体上的安装位置，分成凸轮轴下置式和凸轮轴中置式两种凸轮轴布置方式，如图 3-1 所示。下置式布置的凸轮轴与曲轴位置较近，采用一对正时齿轮对凸轮轴进行驱动。下置式布置驱动方式简单，但推杆较长，容易在发动机运转中产生推杆弯曲的现象。中置式布置的凸轮轴位于缸体上部位置，离缸盖距离近，推杆较短；由于离曲轴距离远，故采用齿轮组进行驱动。

(2) 正时齿轮传动比

由于发动机每一工作循环中，气门只需打开一次，因此凸轮轴的转速为曲轴转速的一半，即传动比为 2∶1。反映在正时齿轮传动上，凸轮轴正时齿轮直径是曲轴正时齿轮直径的一倍。

由于发动机正时齿轮还需要驱动其他工作装置，故正时齿轮室的齿轮较多。柴油机正时齿轮室内的齿轮布置与传动如图 3-3 所示。

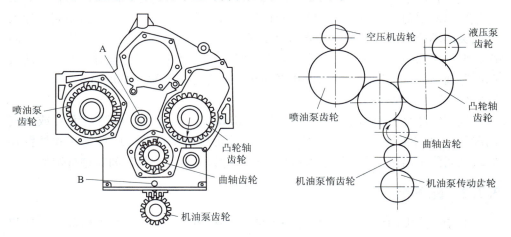

图 3-3 正时齿轮室内的齿轮布置与传动示意

3.1.5 配气机构的工作过程

(1) 气门的打开

发动机在运转中，曲轴通过正时齿轮带动凸轮轴转动。凸轮轴上凸轮的基圆部分与挺柱接触时，挺柱不升高。当凸轮的突起部分与挺柱接触，推动挺柱升高时，通过推杆，使摇臂绕摇臂轴摆动，摇臂的长臂向下摆动，将气门推离气门座而打开。当凸轮轴转动到凸轮的最高点与挺柱接触时，气门达到最大开启程度。

（2）气门的关闭

在气门打开的同时，气门弹簧被压缩。当凸轮的最高点转过以后，凸轮对挺柱的推力消失，气门在气门弹簧的作用下，开始关小。当凸轮的突起部分离开挺柱时，气门完全关闭。

气门的打开依靠凸轮的推力，而气门的关闭依靠凸轮在打开气门过程中储存在气门弹簧中的弹力。气门打开与关闭过程的规律，完全取决于凸轮的轮廓曲线。

凸轮轴上的每一个凸轮驱动一个气门，因此凸轮轴上的凸轮数与发动机气门数相同。凸轮轴正时齿轮与发动机正时齿轮之间，设有啮合标记，凸轮轴各凸轮之间有一定的夹角，这样可以按时启闭气门，满足发动机做功顺序和发动机工作循环的需要。

3.1.6 气门间隙

（1）气门间隙

气门顶部平面位于燃烧室内，燃烧室的高温会使气门受热膨胀而伸长。如果配气机构的零部件之间不留间隙，伸长的气门会使气门头部离开气门座圈而导致气门关闭不严。为防止上述情况发生，在气门组与气门传动组之间预留一个间隙，即气门间隙，以保证气门受热后有膨胀伸长的余地。在冷态时，发动机的气门间隙通常为：进气门为 0.25～0.30 mm，排气门为 0.30～0.35 mm。

（2）气门间隙的调整

气门间隙会在使用中发生改变，导致出现气门响（气门间隙过大）或者气门漏气（气门间隙过小）等现象。气门间隙可以用塞尺在气门杆尾端和摇臂长臂端之间测量出来。在摇臂短臂端设有调整螺钉，可以对气门间隙进行调整。

3.1.7 配气相位

对于高速发动机来说，每一行程的时间是很短的。在如此短的时间内，气门必须完成开启、开大、关闭的过程，且只有当气门开大后，才能进行有效的进、排气。因此，实际进、排气过程更短。为了更好地完成进气与排气动作，发动机采用了气门早开晚关措施，以增加气门的实际开启时间。

发动机进排气门实际的开启、关闭时刻与开启持续时间，称为配气相位。通常用气门开启与关闭时刻相对于上、下止点曲拐位置的曲轴转角来表示配气相位。

（1）进气门的配气相位

进气门提前打开，即进气门在上一个循环的排气过程结束时，就开始打开了。从进气门开始打开，到活塞运行到排气行程终了的上止点，在这一过程中曲轴转过的角度，被称为进气提前角，用 α 表示。

进气门推迟关闭,即进气行程进行到活塞到达下止点时,进气门仍未关闭,一直到开始压缩行程后,进气门才完全关闭。从活塞到达进气形成终了的下止点,到进气门完全关闭,在这一段时间内曲轴转过的角度,称为进气滞后角,用 β 表示。

进气门实际开启角度,即进气门实际开启对应的曲轴转角为 $\alpha + 180° + \beta$。

(2) 排气门的配气相位

排气门提前打开,即在做功行程还未结束,排气门就开始打开了。从排气门开始打开,到活塞运行到做功行程终了的下止点,在这一段时间内曲轴转过的角度,被称为排气提前角,用 γ 表示。

排气门推迟关闭,即在排气行程已经结束,活塞已经到达上止点时,排气门仍未关闭,一直持续到下一个循环的进气行程开始后,排气门才完全关闭。从活塞到达排气行程终了的上止点,到排气门完全关闭时曲轴转过的角度,被称为排气迟后角,用 δ 表示。

排气门实际开启角度,即排气门实际开启角度对应的曲轴转角为 $\delta + 180° + \gamma$。

(3) 气门重叠开放

进、排气门的重叠开放,即由于进气门的早开和排气门的晚关,在排气接近终了与进气开始后,活塞处于上止点附近时,进、排气门处于同时开放状态,称之为气门叠开。气门重叠开放对应的曲轴转角,被称为气门叠开角。气门叠开角的大小为 $\alpha + \delta$。气门叠开角若选择恰当,则不但不会造成倒流现象,反而还会有助于利用进气将废气排出。

配气相位图,即将气门的实际启闭时刻和实际开启过程用相对于活塞上、下止点曲拐位置对应的曲轴转角的环形图来表示,称之为配气相位图,如图 3-4 所示。

(4) 配气相位对发动机工作的影响

由于气门开启对应的曲轴转角增大,故使发动机进、排气时间增加。对于柴油机来说,进气门提前打开,可以利用进入汽缸内的新鲜空气将废气排出汽缸。进气门适当晚关,可以利用进气流的惯性继续进气,增加进气量;但如果进气滞后角过大,将会导致进入汽缸的气体倒流回进气道,从而使进气量减少。

排气门提前打开不但可以利用气体压力自动排气,使排气行程的排气阻力减小,还可减少气体在汽缸内的停留时间,防止发动机过热。排气门推迟关闭,可以利用进气流

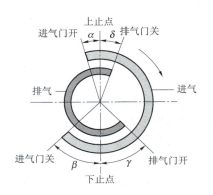

图 3-4 配气相位图

继续排气，使汽缸内的残留废气量减少。

一般来说，柴油机的配气相位是不能调整的。如果配气相位发生变化，则会导致发动机功率下降、燃料消耗增大、发动机过热等现象产生。当配气相位发生变化时，可以通过更换凸轮轴的方法来解决。

3.2　气门组的组成与检修

3.2.1　气门组的构造

气门组的作用是使新鲜气体通过进气门进入汽缸，将废气通过排气门排出汽缸，并保证气门头部与气门座能紧密贴合。气门组一般由气门、气门座、气门导管、气门弹簧、气门弹簧座、气门锁片（锁销）等零件组成，如图3-5所示。

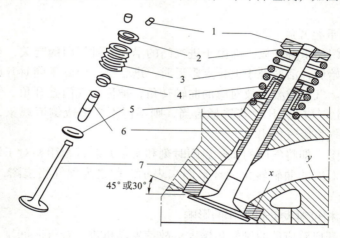

图3-5　气门组构成图

1—气门锁片；2—气门弹簧座；3—气门弹簧；4—气门油封；5—气门弹簧座；
6—气门导管；7—气门；x—气门座；y—汽缸盖

3.2.1.1　气门

气门又称气阀，它是由圆形且带有锥面的头部和圆柱形的杆部组成。气门头部的锥面用来与气门座的内锥面配合，以保证密封效果；气门杆部同气门导管配合，为气门运动起导向作用。

（1）气门的工作条件及材料

气门的构造虽然比较简单，但由于它是燃烧室的组成部分，又是气体进、出燃烧室通道的开关，因此它的工作环境非常复杂且恶劣，主要表现在：

① 气门头部的工作温度很高，进气门的温度可达 570~670 K；排气门的更高，可达 1 050~1 200 K。

② 气门头部要承受气体压力、气门弹簧及传动组零件惯性力的作用。

③ 冷却和润滑条件差。

④ 接触汽缸内燃烧生成物中的腐蚀介质。

因此，要求气门必须具有足够的强度、刚度、耐热、耐腐蚀、耐磨能力。由于进、排气门的工作条件有所不同，因此使用的材料也有所区别。进气门的材料一般采用合金钢（如铬钢或镍铬钢等）。排气门由于热负荷大，一般采用耐热合金钢（硅铬钢、硅铬钼钢等）；有的排气门为了降低成本，头部采用耐热钢，而杆部用铬钢，然后将二者焊在一起。

（2）气门的结构

气门由头部和杆身两部分构成。

① 气门头部。气门头部的形状有平顶、凸顶和凹顶 3 种结构形式，如图 3-6 所示。平顶气门结构简单，制造方便，受热面积小，应用广泛；凸顶气门的受热面积和刚度较大，但其排气阻力小，只适用于做排气门；凹顶气门的头部与杆部有较大的过渡圆弧，气流阻力小，但其顶部受热面积大，所以仅用做进气门。

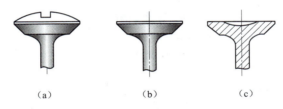

图 3-6 气门顶部的形状

(a) 凸顶气门；(b) 平顶气门；(c) 凹顶气门

为了保证气门头部与气门座紧密贴合和导热，气门头部与气门座接触的工作面有较高的加工精度和较小的表面粗糙度，并有与气门杆部同心的锥形斜面。这一锥面与气门顶平面的夹角称为气门锥角，如图 3-7 所示。常见的气门锥角有 30°和 45°两种，一般做成 45°的。气门锥角的大小对气门工作及发动机性能有较直接的影响。若采用小锥角，气门开启时，则气体通过的截面增大，气流阻力小，进气充分，汽缸内残存废气量小，但气门头部边缘厚度减小，易变形；锥角

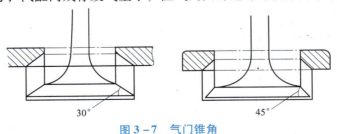

图 3-7 气门锥角

大,则相反。

为了提高充气和排气效率,在结构允许的情况下,气门头部直径应尽可能做大些。一般情况下,进气门头部直径总是大于排气门。

气门头部到气门杆的过渡部分用圆弧连接,目的是为了增加强度,改善头部散热性,减少气流阻力。

② 气门杆部。气门杆部的圆柱形表面须经磨光,并与气门导管保持正确的配合间隙,以减少磨损和增强散热性。杆身末端的结构随气门弹簧座的固定方式不同而异,其末端开有槽(装锁片)和孔(装锁销),如图 3-8 所示。

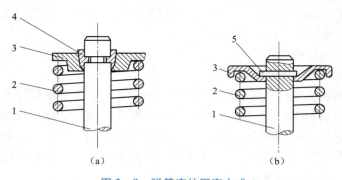

图 3-8 弹簧座的固定方式
(a) 锁片式;(b) 锁销式
1—气门杆;2—气门弹簧;3—弹簧座;4—锁片;5—锁销

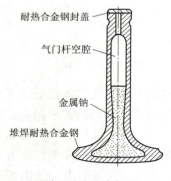

图 3-9 钠冷气门

有的发动机为加强气门冷却,采用空心杆身,填入半截金属钠粉末而成为钠冷气门,结构如图 3-9 所示。当气门温度升高时,质量轻、比热容高、熔点低、沸点高的金属钠熔化成液态,并在杆身中剧烈晃动,有效地将气门头部的热量吸收并传到杆身,再从气门导管传到缸盖散热。钠冷气门冷却效果明显,但成本高,已在轿车发动机和一些风冷发动机上使用,如奔驰 190、尼桑 SR 发动机等。

(3) 气门油封

因为气门杆和气门导管之间必须有间隙,为了防止机油从气门处进入汽缸,故在进气门杆部还加装了油封装置,如图 3-10 所示。

主动式油封是一些小油封,紧密地贴在气门杆的周围,通过小的弹簧或卡子保持在气门杆上。被动式油封包括 O 形圈和伞状气门杆油封。

3.2.1.2 气门座

气门座的作用是靠其内锥面与气门外锥面的紧密贴合密封汽缸。它的安装位

项目三 柴油机配气机构的构造与检修

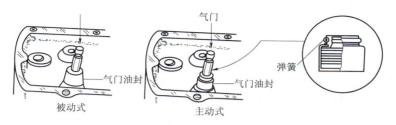

图 3-10 气门油封图

置因气门布置形式的不同而不同，顶置式的气门座位于汽缸盖上；侧置式的气门座位于汽缸体上平面。气门座既有与缸体制成一体的，也有为了增加其强度、耐热性、耐腐蚀性和耐磨性，而用合金钢或合金铸铁制成的。对于后者，一般采用过盈配合镶入汽缸体（汽缸盖）中，这能延长其使用寿命。

气门座带有一定的锥角，锥角的大小可与气门密封锥角相同或略大些（0.5°~1°），如图 3-11 所示。这样可使气门与气门座在研磨后形成一条较窄的密封带。它们的接触最好为线接触，这样有利于两者之间的密封。

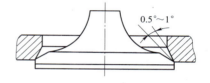

图 3-11 气门与气门座的配合

3.2.1.3 气门导管

气门导管的作用是保证气门能沿其本身轴线做上、下运动。此外，气门导管还具有导热作用，帮助气门散出热量。

气门导管的工作条件较差。当气门在导管中运动时，温度可高达约 500 K；润滑仅靠配气机构溅出来的机油进行润滑，因此气门导管易磨损。为了改善气门导管的润滑性能，气门导管一般用含石墨较多的铸铁或粉末冶金制成，以提高自润滑性能。

气门导管的外形及安装，如图 3-12 所示。它为圆柱形管，其外表面有较高的加工精度、较小的表面粗糙度，与缸盖（体）的配合有一定的过盈量，以保证良好的传热效果和防止松脱。

气门导管的内孔是在气门导管被压入汽缸盖（汽缸体）后再精铰，以保证气门与气门导管的精确配合间隙。

为了防止过多的机油进入导管，导管上端面内孔处不应倒角，外侧面带有一定锥度，以防止积油。另外，为了防止气门导管在使用过程中脱落，有的发动机对气门导管用卡环定位，这样导管的配合过盈量可小些。

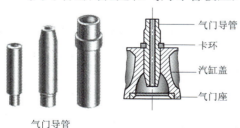

图 3-12 气门导管及安装

3.2.1.4 气门弹簧

气门弹簧的作用在于保证气门的回位。当气门关闭时,其用来保证气门及时关闭并与气门座紧密贴合,同时也防止气门在发动机振动时因跳动而破坏密封性;当气门开启时,保证气门不因运动时产生的惯性力而脱离凸轮。

气门弹簧多为圆柱形螺旋弹簧,其材料为高碳锰钢、铬钒钢等冷拔钢丝,加工后还需经过热处理。为提高抗疲劳强度,增强弹簧的工作可靠性,钢丝一般经抛光或喷丸处理。弹簧的两端面经磨光并与弹簧曲线垂直。

气门弹簧一端支承在缸盖或缸体上,另一端压靠在气门弹簧座上。弹簧座用锁片固定在气门杆的末端。为了防止气门弹簧工作时产生共振,采用了多种设计,包括使用更强的弹簧、不等螺距弹簧、双弹簧等,如图3-13所示。安装时,对于变螺距弹簧(如图3-13(b)所示),应使螺距较小的一端朝向汽缸盖。对于大功率发动机,每个气门都装有大小不等的内外两个弹簧,它们同心地安装在气门导管的外面。采用双弹簧不仅可以提高气门弹簧的工作可靠性,而且还可降低弹簧的高度尺寸,从而降低内燃机高度。当采用双弹簧结构时,两根弹簧圈的螺旋方向应相反,如图3-13(c)所示,这样可以防止折断的弹簧圈卡入另一个弹簧圈内。

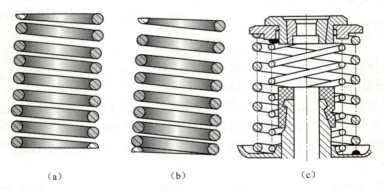

(a)   (b)   (c)

图3-13 气门弹簧

(a)等螺距弹簧;(b)变螺距弹簧;(c)双弹簧结构

3.2.2 气门组的检修

气门组件常见的耗损有:气门和气门座工作面起槽、变宽,甚至烧蚀后出现斑点和凹陷,气门杆及末端的磨损、气门杆的弯曲变形、气门导管的磨损,以及气门弹簧自由长度的变化、弹力减退和弯曲变形甚至折断等。

3.2.2.1 气门与气门座的配合要求

气门与气门座的配合是配气机构的重要环节,它影响到汽缸的密封性,对发动机的动力性和经济性关系极大。

气门与气门座配合的要求是：

① 气门与气门座圈的工作锥面角度应一致。为改善气门与气门座圈的磨合性能，磨削气门的工作锥面时，其锥面角度比座圈小 0.5°～1°。

② 气门与座圈的密封带位置在中部靠内侧。若过于靠外，则会使气门的强度降低；若过于靠内，则会造成与座圈接触不良。

③ 气门与座圈的密封带宽度应符合原设计规定，一般为 1.2～2.5 mm。排气门的宽度应大于进气门的宽度；柴油机的大于汽油机的。若密封带宽度过小，将会使气门磨损加剧；而若宽度过大，则容易烧蚀气门。

④ 气门工作面与杆部的同轴度误差应不大于 0.05 mm。

⑤ 气门杆与导管的配合间隙应符合原厂规定。

3.2.2.2 气门的检修

气门常见的耗损有气门工作面的磨损与烧蚀、气门杆部的磨损、气门杆的弯曲变形等。

（1）气门工作面的检修

气门工作面磨损起槽或烧蚀而出现斑点时，应进行光磨。气门光磨是在气门光磨机上进行的。光磨后，气门工作锥面的径向圆跳动误差一般应不大于 0.01 mm，表面粗糙度应小于 1.25 μm。

（2）气门杆的检修

① 用外径千分表检测气门杆的磨损，测量部位如图 3-14 所示。通常与气门杆尾端未磨损部分对比测量，若超过 0.05 mm，或用手触摸有明显的阶梯形成感觉时，应更换气门。

② 用千分表检查气门杆的弯曲变形，如图 3-15 所示。若表针摆差超过 0.06 mm，则应校直或更换。

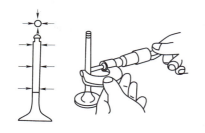 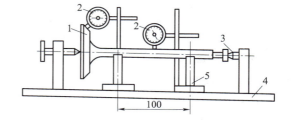

图 3-14 气门杆直径的检测　　　　图 3-15 气门杆弯曲的检测

1—气门；2—百分表；3—顶尖；4—平板；5—V 形块

③ 应将气门杆尾端的磨损凹陷磨平，确保气门全长及磨削应符合规定要求。

3.2.2.3 气门座的检修

气门座的耗损主要是磨料磨损和由于冲击载荷造成的硬化层脱落，以及受高温气体的腐蚀，使得密封带变宽，气门与气门座关闭不严，汽缸密封效果降低。

(1) 铰修气门座

气门座铰削工艺如下（如图 3-16 所示）：

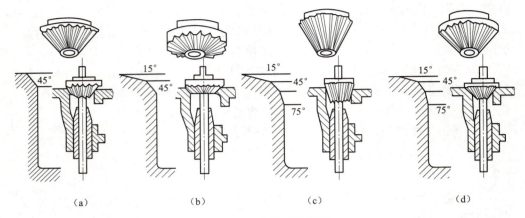

图 3-16　气门座的铰削

(a) 粗铰；(b) 接触面向上，铰上口；(c) 接触面向下，铰下口；(d) 精铰

① 根据气门导管内径选择铰刀导杆，导杆以轻易插入气门导管内，无松旷为宜。

② 把砂布垫在铰刀下，磨除座口硬化层，以防止铰刀打滑并延长铰刀使用寿命。

③ 用与气门锥角相同的粗铰刀铰削工作锥面，直到凹陷、斑点全部除去，并保证有 2.5 mm 以上的完整锥面为止。

④ 在进行气门座和气门的选配时，相配的气门应进行涂色试配，查看印迹。接触环带应在气门和斜面的中部靠里位置；若过上或过下，可用 15° 或 75° 锥角的铰刀铰削。

⑤ 最后用与工作面角度相同的细刃铰刀进行精铰，并在铰刀下垫细砂布磨修，以降低气门座工作面的表面粗糙度。

(2) 气门座磨削

气门座铰削完毕后，一般还要进行磨削。磨削工艺如下：

① 根据气门工作面的锥度和尺寸选用砂轮。

② 修磨砂轮工作面达到平整并与轴孔同轴度公差在 0.025 mm 之内。

③ 选择合适的定心导杆，并将其卡紧在气门导管内，确保磨削时导杆的稳定。

④ 光磨时应保证光磨机正直，并轻轻施加压力；光磨时间不宜太长，要边磨边检查。

(3) 气门的研磨

气门工作面经过磨削或更换新件，以及气门座经过磨削后，为使它们达到密合，还需要相互研磨。气门的研磨有两种方法：一种是手工操作；另一种是使用气门研磨机进行。

1）手工研磨

① 研磨前应先用汽油清洗气门、气门座和气门导管，将气门按顺序排列或在气门头部打上记号，以免气门位置错乱。

② 在气门工作锥面上涂上一层薄薄的粗研磨砂，同时在气门杆上涂以机油，然后插入气门导管内。

③ 利用螺丝刀或橡皮捻子让气门做往复和旋转运动与气门座进行研磨（如图3－17所示）。注意旋转角度不宜过大，并不时地提起和转动气门来变换气门与座相对位置，以保证研磨均匀。

注意：在手工研磨中，既不要过分用力，也不要提起气门在气门座上用力拍击，否则会将气门工作面磨宽或磨成凹槽。

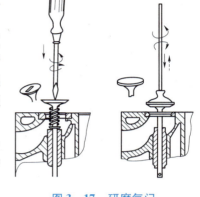

图3－17 研磨气门

④ 当气门工作面与气门座工作面磨出一条较完整且无斑痕的接触环带时，可以将粗研磨砂洗去，而换用细研磨砂继续研磨。当工作面上出现一条整齐的灰色的环带时，再洗去细研磨砂，涂上润滑油，然后继续研磨几分钟即可。

2）机器研磨

① 将汽缸盖清洗干净后，安放在气门研磨机工作台上。

② 在已配好的气门工作面上涂一层研磨膏，在气门杆部涂上机油并装入气门导管内，调整各转轴，对正气门座孔。

③ 连接好研磨装置，调整气门升程，进行研磨。一般研磨10~15 min即可。研磨好的工作面应呈现光泽且完整的圆环形状。

（4）气门的密封性检查

气门和气门座经过修理后，都要进行密封性检查，其方法如下。

1）画线法

① 检查前，将气门及气门座清洗干净后，在气门工作面上用软铅笔沿径向均匀地画上若干条线。

② 将画好线的气门与相配气门座接触，略压紧并转动气门45°~90°，然后取出气门，并查看铅笔线条。如铅笔线条均被切断（如图3－18所示），则表示密封良好；否则，应重新研磨。

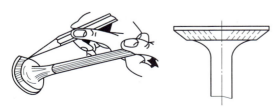

图3－18 铅笔画线检查

2) 拍击法

将气门与相配气门座轻轻敲击几次，查看接触带，如有明亮的连续光环，即为合格。

3) 涂红丹油法

在气门工作面上涂抹上一层轴承蓝或红丹油，然后用橡皮捻子吸住气门并在气门座上旋转 1/4 圈后，再将气门提起。若轴承蓝或红丹油布满气门座工作面一周而无间断，又十分整齐，即表示密封良好。

4) 渗油法

可用煤油或汽油浇在气门顶面上，5 min 内视气门与座接触处是否有渗漏现象，如无渗漏即为合格。

(5) 气门座的镶换

当气门座有裂纹、松动、烧蚀或磨损严重；或经多次加工修理，将新气门装入后，气门头部顶平面仍低于汽缸盖燃烧室平面 2 mm 以上，应镶换新的气门座，其工艺要点如下：

① 拆卸旧气门座（注意：不要损伤气门座承孔）。

② 选择新气门座。用外径千分尺测量气门座外径，用内径量表测量气门座轴承孔内径，并根据气门座和缸盖承孔的材质选择合适过盈量（一般在 0.07 ~ 0.17 mm）。

③ 气门座的镶换。对经检查合格的新气门座进行冷却处理，时间不少于 10 min，同时加热气门座承孔，然后在气门座外侧涂上一层密封胶，最后将气门座压入承孔中。

3.2.2.4 气门导管的检修

(1) 气门导管的检查

气门导管的检查方法一般有两种，可根据情况需要选择适当的检查方法。

① 首先测量气门导管的内径，如图 3-19 所示。将所测结果减去气门杆的标准直径及标准间隙，所得的差值为气门导管的磨损量。

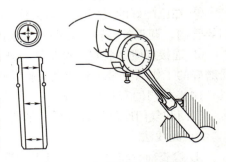

图 3-19 气门导管内径的测量

② 将气门提起至汽缸盖平面 15 ~ 20 mm 的高度，把百分表架固定于汽缸盖上，使百分表杆顶触在气门顶部边缘处，来回推动气门，百分表指针差值为气门与导管的配合间隙（如图 3-20 所示）。根据配合间隙可计算出气门导管的磨损量。

(2) 气门导管更换

当气门导管磨损严重，已使气门杆与气门导管的配合间隙超过限度时，应予以更换。其工艺要点为：

① 用外径略小于气门导管内孔的阶梯轴将气门导管冲出。

② 选择外径尺寸符合要求的新气门导管。

③ 安装气门导管：用细砂布打磨气门导管承孔口，然后在轴承孔内壁与导管外表面上涂少许机油，并放正气门导管，再按住铜质的阶梯轴用压力机或锤子轻轻将气门导管装入承孔内。

④ 气门导管的铰削：采用成型专用气门导管铰刀铰削，进刀量不易过大，铰刀应保持垂直，边铰边试，直至间隙合适为止。

图 3-20　气门杆与气门导管间隙的测量

3.2.2.5　气门弹簧的检修

① 检查气门弹簧是否出现断裂或裂痕现象，如有则应当更换。

② 检查气门弹簧在自由状态下其支承面对弹簧中心线的垂直度，如图 3-21 所示。

③ 测量气门弹簧的自由长度是否符合标准，如图 3-22 所示。若低于极限值，则应予以更换。

④ 检查气门弹簧最小安装弹力，如图 3-23 所示。

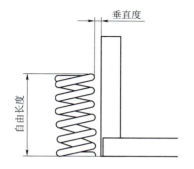

图 3-21　气门弹簧垂直度的检查

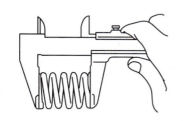

图 3-22　气门弹簧自由长度的测量

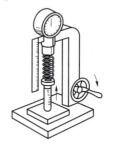

图 3-23　气门弹簧最小安装弹力的测量

3.3　气门传动组的构造与检修

3.3.1　气门传动组的构造

气门传动组的作用是按规定的配气相位定时地驱动气门开闭，并保证气门有足够的开度和适当的气门间隙。气门传动组件是指从正时齿轮开始至驱动气门动作的所有零件，一般包括凸轮轴驱动件、凸轮轴、气门挺杆、推杆、摇臂及摇臂轴总成等。

3.3.1.1 凸轮轴

凸轮轴的作用是驱动和控制发动机各缸气门的开启和关闭，使其符合发动机的工作顺序，以及配气相位及气门开度的变化规律等要求。此外，有些汽油发动机还用它来驱动汽油泵、机油泵和分电器等。它是气门驱动组件中最主要的零件。

凸轮轴主要由凸轮和凸轮轴轴颈组成。凸轮分为进气凸轮和排气凸轮两种，用来驱动气门的开启与关闭。轴颈对凸轮轴起支承作用。汽油发动机的下置式凸轮轴还有用于驱动汽油泵的偏心轮和驱动机油泵及分电器的螺旋齿轮，如图 3-24 所示。

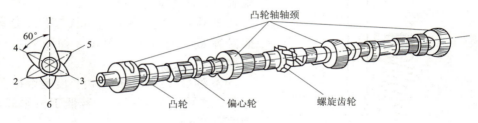

图 3-24 发动机凸轮轴

凸轮轴工作时承受周期性载荷，凸轮与挺柱间接触应力很大，磨损严重，因此凸轮轴采用优质铸铁、中碳钢或中碳合金钢制造，并经调质处理，以提高疲劳强度。凸轮表面应经淬火处理和光磨加工，以提高其耐磨性。

为减小质量，有些发动机（如捷达 EA113 型五气门发动机）采用了空心凸轮轴。

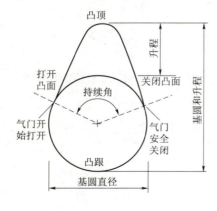

图 3-25 凸轮的轮廓

（1）凸轮的轮廓

凸轮的轮廓应保证气门开启和关闭的持续时间符合配气相位的要求，且使气门有合适的升程和运动规律。每种型号的发动机的凸轮具有不同的轮廓形状。如图 3-25 所示的凸轮轮廓中，整个轮廓由凸顶、凸跟、打开凸面、关闭凸面组成。凸轮轴升程是指从基圆直径往上凸轮能达到的高度。它决定了气门的升程大小。凸轮的顶部称作凸顶，它的长度决定了气门将在完全打开的位置保持多长时间。凸顶可能有多种不同的轮廓形状,这取决于气门须在完全打开的位置保持多久。凸跟是指凸轮轴外形的底部部分,当挺柱或气门在凸轮跟部移动时,气门处于完全关闭状态。凸轮的这些外形特征决定了气门开闭过程的具体特性——时间和速度。

(2) 凸轮的相对角位置

凸轮轴上各缸的进气(或排气)凸轮称为同名凸轮,同名凸轮的相对角位置与凸轮轴的转动方向、各缸的工作顺序和做功顺序有关。从凸轮轴的前端来看,各缸同名凸轮的相对角位置按发动机做功顺序逆凸轮转动方向排列,如图3-26所示。其夹角为做功间隔角的1/2,即四缸发动机的为90°,六缸发动机的为60°。同一汽缸的进、排气凸轮称为异名凸轮,它是由发动机的配气相位和凸轮轴的转向决定的。由于气门早开迟闭,且角度不等,故异名凸轮夹角要由配气相位图求得。

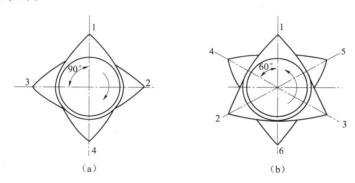

图3-26 同名凸轮夹角

(a) 四缸发动机;(b) 六缸发动机

(3) 凸轮轴的轴向定位

为防止凸轮轴轴向窜动,而影响配气机构正常工作,凸轮轴必须有轴向定位措施。常用的定位装置有推力轴承、止推片、止推螺钉等,如图3-27所示。

① 推力轴承定位。采用凸轮轴第一轴承为推力轴承,控制凸轮轴的第一轴颈上的两端凸肩与凸轮轴承座位之间的间隙,以限制凸轮轴的轴向移动。

② 止推片定位。止推片安装在正时齿轮与凸轮第一轴颈之间,且留有一定间隙,从而限制了凸轮的轴向移动量。通过调整止推片的厚度,即可调整轴向间隙的大小。

③ 止推螺钉定位。止推螺钉在正时齿轮室盖上,并用锁紧螺母锁紧,调整止推螺钉拧入的程度就可调整凸轮轴的轴向移动量。

(4) 凸轮轴与曲轴的正时

为了让气门的开、闭与曲轴的位置保持正确的关系,凸轮轴必须根据曲轴设定正时。为了达到这一目的,人们采用了多种方法。

采用一组正时齿轮,其中一个装在曲轴上,另一个装在凸轮上。这些齿轮通

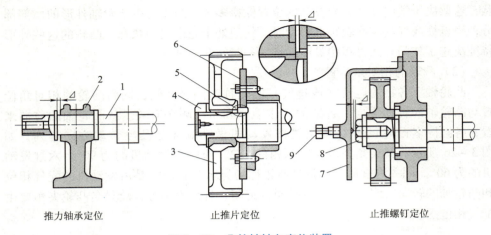

推力轴承定位　　　　止推片定位　　　　止推螺钉定位

图 3-27　凸轮轴轴向定位装置

1—凸轮轴；2—凸轮轴承座；3—凸轮轴定时齿轮；4—螺母；5—调整环；
6—止推片；7—定时传动装置；8—螺栓；9—止推螺钉

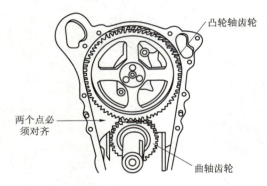

图 3-28　正时齿轮上的正时记号

过键连接安装在曲轴和凸轮上，只要对齐这两个齿轮上的记号，就能保证两者之间正确的位置关系，如图 3-28 所示。

顶置凸轮轴也是通过对齐轴上的标记来设置正时的，如图 3-29 所示。桑塔纳 AJR 发动机凸轮轴同步带轮上的标记必须对准同步带防护罩上的标记；曲轴带轮上的标记必须对准第一缸上止点标记。

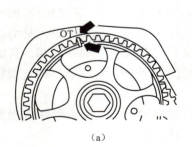 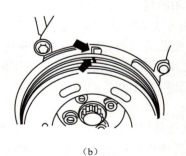

（a）　　　　　　　　　　　（b）

图 3-29　桑塔纳 AJR 发动机正时记号

（a）凸轮轴带轮标记；（b）曲轴带轮标记

3.3.1.2 挺柱

挺柱的作用是将凸轮的推力传给推杆或气门。它安装在汽缸体或汽缸盖上相应处镗出的导向孔中，常用镍铬合金铸铁或冷激合金铸铁制造。挺柱常用的形式有：整体式挺柱、滚轮式挺柱和液压挺柱。

（1）整体式挺柱

整体式挺柱以一个整体零件的形式传递运动，它是为轻型汽缸设计的，常见的形式有菌形挺杆、平面挺杆和筒形挺杆 3 种，如图 3 – 30 所示。

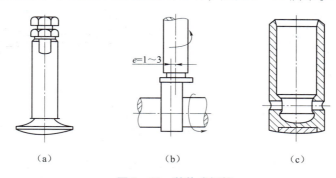

图 3 – 30　整体式挺柱
(a) 菌形；(b) 平面挺柱；(c) 筒形

① 将挺杆底部工作面制成球面，将凸轮的母线做成斜率很小的锥体，这样可使挺杆在工作中绕其中心线稍做转动，即可达到磨损均匀的目的。

② 如果挺杆工作面是平面，在安装中使挺杆中心线与凸轮中心线不相重合，且具有一定的偏心量（$e = 1 \sim 3$ mm），则在工作时也可使挺杆绕其中心线产生一定的转动。

③ 将挺杆外表面做成两端小、中间大的筒形。这样，当挺杆在座孔中歪斜时，由于它的自定作用，仍可保证凸轮型面全宽与挺杆表面相接触，从而可减小接触应力，并使磨损均匀。

（2）滚轮式挺柱

滚轮式挺柱与整体式挺柱很相似，如图 3 – 31 所示。区别在于下部装有滚轮，通过滚轮在凸轮轴上滚动而不滑动，降低了摩擦力，而且载荷分配更均匀，主要用于高压缩比的柴油发动机和赛车发动机上。

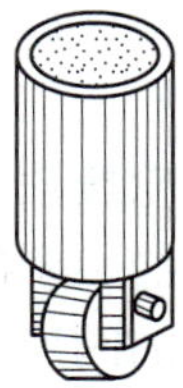

图 3 – 31　滚轮式挺柱

以上两种挺柱的发动机都必须有调整气门间隙的措施。气门间隙解决了材料热膨胀对气门工作的影响，但在发动机工作时会发生撞击而产生噪声。为了解决这一矛盾，有些发动机采用了液压挺柱。

（3）液压挺柱

液压挺柱外形及结构如图 3 – 32 所示，由挺柱体、液压缸、柱塞、球形阀、压力弹簧等组成。

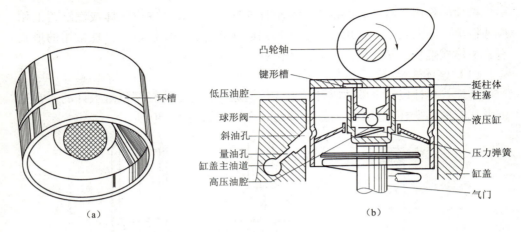

图 3-32 液压挺柱外形及结构图
(a) 外形；(b) 结构

挺柱体外圆柱面上有一环形油槽，油槽内有一进油孔与低压油腔相通，背面上有一键形槽将低压油腔与柱塞上部相通。液压缸外圆与挺柱体内导向孔配合，内孔则与柱塞配合，两者都有相对运动。液压缸底部的压力弹簧把球形阀压靠在柱塞底部的阀座上，当球阀关闭柱塞的中间孔时可将挺柱分成上部的低压油腔和下部的高压油腔。当球形阀开启后，则成为一个通腔。

液压挺柱与凸轮的接触面为平面，为了使其在工作中旋转以减小磨损，液压挺柱中心线与凸轮的对称中心线错位 1.5 mm，同时凸轮在轴向倾斜 0.002~0.02 mm，以使挺柱在工作过程中能绕其轴线微微转动。

当凸轮基圆与挺柱接触时，压力弹簧使挺柱顶面和凸轮轮廓线保持紧密接触，液压缸下端面与气门杆尾部紧密接触，因此没有气门间隙，且挺柱体上的环形油槽与缸盖上的斜油孔对齐，来自汽缸盖油道的机油经量油孔、斜油孔和环形油槽流入挺柱体内的低压油腔，并经挺柱背面上的键形槽进入柱塞上方的低压油腔。

当凸轮按图示方向转过基圆使凸起部分与挺柱接触时，挺柱体和柱塞向下移动，高压油腔中的机油被压缩，油压升高，加上压力弹簧的作用，使球阀紧压在柱塞下端的阀座上，这时高压油腔与低压油腔被分隔开。由于液体的不可压缩性，整个挺柱如同一个刚体一样下移而打开气门。此时，挺柱体环形油槽已离开了进油的位置，从而停止了进油。

当挺柱到达下止点后开始上行时，由于仍受到气门弹簧和凸轮两方面的顶压，高压油腔继续封闭，球阀也不会打开，液压挺柱仍可认为是一个刚体，直至气门完全关闭时为止。此时，凸轮重新转到基圆与挺柱接触位置，汽缸盖油道中的压力油又重新进入挺柱的低压油腔；同时，挺柱无凸轮的压力，高压油腔的压力油和压力弹簧一起推动柱塞上行,高压油腔油压下降。从低压油腔的压力油推开球阀进入高压油腔,使两腔连通充满机油,这时挺柱顶面仍和凸轮紧贴,气门间隙得到补偿。

在气门受热膨胀时,柱塞和油缸做轴向相对运动,高压油腔中的油液可经过液压缸与柱塞间的缝隙挤入低压油腔,使挺柱自动"缩短",从而保证气门关闭紧密。当气门冷却收缩时,压力弹簧将液压缸向下推动,而使柱塞与挺柱体向上移动,高压油腔内压力下降,球阀打开,低压油腔油液进入高压油腔,挺柱自动"伸长",以保证配气机构无间隙。故使用液压挺柱时,可以不预留气门间隙,也不需要调整气门间隙。

3.3.1.3 推杆

推杆的作用是将从凸轮轴经过挺杆传来的力传给摇臂,一般应用在下置凸轮式配气机构中。它是配气机构中最容易发生弯曲变形的零件,因此要求它有很高的刚度。

推杆为管状结构,如图3-33所示。它的两端压配成不同的形状,下端头通常是圆球形,以便与挺柱的凹球形支座相适应;上端头一般制成凹球形,以便与摇臂的气门间隙调整螺钉的球形头部相适应。推杆可以是实心的,也可以是空心的。使用的材料可以是经过热处理的钢管,也可以由硬铝合金制成。

3.3.1.4 摇臂及摇臂组

(1) 摇臂

摇臂的作用是将推杆或凸轮传来的力改变方向(180°),并作用到气门杆端部以推开气门。摇臂实际上是一个中间有圆孔,两边不等长的杠杆。此杠杆两边的比值(称摇臂比)为1.2~1.8,其中长臂一端用来推动气门,短臂一端制成螺纹孔,并配以气门间隙调整螺钉(使用液力挺杆的发动机则没有)。调整螺钉上带有的锁紧螺母,以调整配气机构的气门间隙,如图3-34所示。

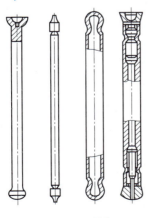

图3-33 推杆

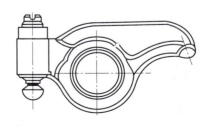

图3-34 摇臂

由于摇臂与气门杆尾端接触部分接触应力高，且相对滑移，因此磨损严重，为此在该部分常堆焊耐磨合金或做成圆弧面状。摇臂内还钻有润滑油道和油孔。

摇臂一般用45号中碳钢模锻或球墨铸铁精密铸造而成。为了提高其耐磨性，摇臂的轴孔内镶有青铜衬套或装有滚针与摇臂轴配合转动。有些发动机摇臂则采用轻质合金铸铝，圆弧面上堆焊一层耐磨合金。

（2）摇臂组

摇臂组由摇臂、摇臂轴、摇臂轴支座及定位弹簧等组成，如图3-35所示。摇臂通过摇臂轴支承在摇臂支座上，摇臂轴支座安装在汽缸盖上，摇臂轴为空心管状结构。摇臂与推杆端、摇臂与摇臂轴间的润滑可采用来自挺杆座、挺杆、推杆、摇臂内油道或来自汽缸盖、摇臂内孔的压力机油润滑。为了防止摇臂的窜动，在摇臂轴上每两个摇臂之间都装有弹簧。

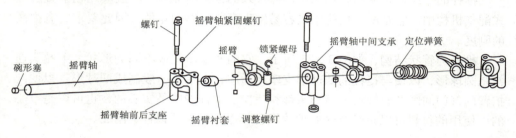

图3-35　摇臂组

3.3.2　气门传动组的检修

3.3.2.1　凸轮轴的检修

（1）凸轮轴的损伤形式

凸轮轴常见的损伤包括凸轮轴的弯曲变形、凸轮轮廓磨损、支承轴颈表面的磨损以及正时齿轮驱动件的耗损等。这些耗损会使气门的最大开度和发动机的充气系数降低，配气相位失准，并改变气门上下运动的速度特性，从而影响发动机的动力性、经济性等。

（2）凸轮轴弯曲变形的检修

凸轮轴的弯曲变形是以凸轮轴中间轴颈对两端轴颈的径向圆跳动误差来衡量的，检查方法如图3-36所示。将凸轮轴放置在V形铁上，V形铁和百分表放置在平板上，使百分表触头与凸轮轴中间轴颈垂直接触。转动凸轮轴，观察百分表表针的摆差即凸轮轴的弯曲度。

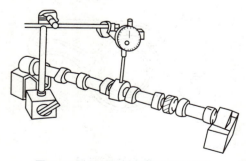

图3-36　凸轮轴弯曲变形的检验

检查完毕后,将检查结果与标准值比较,以确定是修理还是更换。

(3) 凸轮磨损的检修

表面凸轮的磨损使气门的升程规律改变和最大升程减小,因此凸轮的最大升程减小值是凸轮检验分类的主要依据。当凸轮最大升程减小值大于 0.40 mm 或凸轮表面累积磨损量超过 0.80 mm 时,则更换凸轮轴;当凸轮表面累积磨损量小于 0.80 mm 时,可在凸轮轴磨床上修磨凸轮;但是,现代汽车发动机凸轮轴的凸轮均为组合线型,由于加工精度极高,修理成本高,所以目前极少修复,一般都是更换。

(4) 凸轮轴轴颈的检修

用千分尺测量凸轮轴轴颈的圆度误差和圆柱度误差。凸轮轴轴颈的圆度误差不得大于 0.015 mm,各轴颈的同轴度误差不得超过 0.05 mm;否则应按修理尺寸法进行修磨。

(5) 凸轮轴轴承的检修

凸轮轴轴承的配合间隙超过使用极限时,应更换新轴承。

(6) 凸轮轴轴向间隙的检查调整

对于采用止推凸缘进行轴向定位的发动机,在检查轴向间隙时,用塞尺插入凸轮轴第一道轴颈前端面与止推凸缘之间或正时齿轮轮毂端面与止推凸缘之间,塞尺的厚度值即凸轮轴轴向间隙,其一般为 0.10 mm,使用极限为 0.25 mm。如间隙不符合要求,可用增减止推凸缘的厚度来调整,如图 3 - 37 (a) 所示。

对于采用轴承翻边进行轴向定位的发动机(桑塔纳 2000 型),在检查轴向间隙时,要在不装液压挺柱的情况下进行(可只装第一道、第五道轴承盖),用百分表触头顶在凸轮轴前端,轴向推拉凸轮轴,百分表的摆动量即凸轮轴的轴向间隙,如图 3 - 37 (b) 所示。桑塔纳 2000 型轿车发动机的轴向间隙超出使用极限 0.15 mm 时,则应更换带凸肩的凸轮轴轴承。

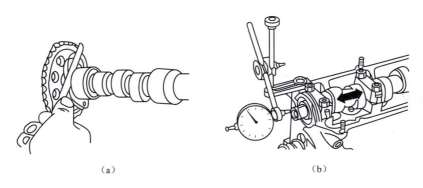

(a)　　　　　　　　　　　　　(b)

图 3 - 37　凸轮轴轴向间隙的检查

(a) 塞尺检查法;(b) 百分表检查法

3.3.2.2 挺柱的检修

挺柱常见损伤形式有挺柱底部出现剥落、裂纹、擦伤划痕,以及挺柱与导孔配合间隙过大等。如果出现这些耗损,则视情况检修。

(1) 普通挺柱的检修

① 挺柱底部出现疲劳剥落时,更换新件。

② 底部出现环形光环时,该光环说明磨损不均匀,应尽早更换新件。

③ 底部出现擦伤划痕时,应更换。

④ 挺柱圆柱部分与导孔的配合间隙超过规定值时,应视情况更换挺柱或导孔支架。装有衬套的结构可只更换衬套。

(2) 液压挺柱的检修

① 液压挺柱与轴承孔的配合间隙一般为 0.01~0.04 mm,使用限度为 0.10 mm。

② 检查各部件有无损坏,应特别注意检查挺柱外侧面及底部有无过度磨损。检查底部磨损时,可用钢板尺放在挺柱底部,抵住底面,看其有无凹损。如果底面呈凹损状,除应更换磨损的液压挺柱外,还应注意更换凸轮轴。

3.3.2.3 推杆的检修

推杆一般都是空心细长杆,工作时易发生弯曲,要求其直线度误差不大于 0.30 mm;上端凹球面和下端凸球面半径磨损应控制在 -0.01~+0.03 mm。

3.3.2.4 摇臂和摇臂组的检修

摇臂常见的损伤主要是摇臂头的磨损。检查时,摇臂头部应光洁无损。修理后的凹陷应不大于 0.50 mm。如超过规定值,则可用堆焊修磨修复;摇臂与摇臂轴间的配合间隙如超过规定值时,则应更换衬套,并按轴的尺寸进行铰削或镗削修理。注意:镶套时,要使衬套油孔与摇臂上的油孔对准,以免影响润滑。

3.3.2.5 正时链轮和链条的检修

(1) 正时链轮的检修

测量最小的链轮直径。将链条分别包住凸轮轴正时链轮和曲轴正时齿轮,用游标卡尺测量直径,如图 3-38 所示。其直径不得小于允许值;否则应更换链条和链轮。

(2) 正时链条的检修

测量链条长度时,对链条施以一定的拉力,将其拉紧后再测量其长度,如图 3-39 所示。测量值如果超过标准值时,应更换成新链条。

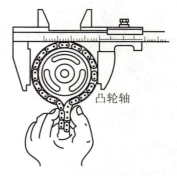

图 3-38 正时链轮直径的测量

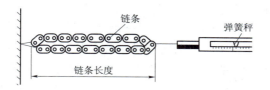

图 3-39　正时链条长度的测量

3.4　配气机构主要故障的诊断

（1）气门关闭不严

气门关闭不严会造成发动机输出功率下降、燃油消耗增大等现象。通过测量汽缸压缩压力和曲轴箱的漏气量，来判定汽缸气门关闭是否严密。造成气门关闭不严的主要原因有：

① 气门间隙过小或都无间隙；

② 气门与气门座圈接触不良、气门头烧蚀、气门头部变形等；

③ 气门弹簧弹力不足，造成高速时气门由于惯性不能关闭或者关闭后回弹；

④ 气门杆变形导致头部与杆身之间的同轴度误差过大，杆身与导管之间的配合间隙过大等，进而都会导致气门不能正确地落座。

（2）配气相位失准

配气相位不正确，不但会使发动机的输出功率下降，燃油消耗增加，还会使发动机严重过热。配气相位失准的主要原因有：

① 凸轮轴磨损变形严重，导致气门的启闭时刻与开启持续时间改变；

② 安装配气机构时，啮合标记没有对齐；

③ 气门传动机构磨损严重，导致各部件间隙过大。

（3）配气机构异响

① 气门响，即由于气门间隙过大，会造成摇臂撞击气门尾端产生异响。气门响的频率与发动机转速同步，当发动机转速低时，由于发动机噪声较小，响声相对明显，再加之响声传出的部位，比较容易诊断。

② 正时齿轮室异响，即正时齿轮室异响发生在发动机的前部。由于正时齿轮室内齿轮众多，当润滑油压力不足，齿轮由于磨损导致啮合间隙过大，发生齿轮断齿、中间齿轮啮合间隙过大等故障时，会造成正时齿轮室异响。发生正时齿轮室异响时，一定要弄清产生异响的原因，在排除故障前，不能继续运转发动机。拆下发动机油底壳，观察机油，其中若有金属异物存在，很可能发生齿轮断齿。用灯光从正时齿轮室下端向上观察正时齿轮情况，必要时，拆下正时齿轮室

盖，进行进一步检查诊断。

③ 气门座圈松动产生异响，即气门座圈在气门关闭时所产生的撞击力作用下，可能会松动而产生异响。气门座圈异响虽不多见，但后果很严重。松动的气门座圈在气门的撞击下碎裂并落入汽缸内，这会引起捣缸故障。

项目四

柴油机燃料供给系统的组成与检修

4.1 概　述

柴油机燃料供给系统是柴油机的重要组成部分。柴油机燃料供给系统的功用是根据柴油机的工作要求，将柴油准时、快速、定量、保质地按柴油机的工作次序喷入各个汽缸，与吸入汽缸内的空气迅速、充分地混合和燃烧。燃油供给系统对柴油机的动力性、经济性、使用可靠性和排气污染等都有重要影响，因此合理的设计、正确的使用、及时规范的维护，以及使燃料供给系统经常保持良好的技术状况，是确保柴油机的使用性能、延长柴油机的使用寿命、减少故障发生率、提高柴油机使用效率的关键。

4.1.1 柴油机燃料供给系统的组成

柴油机燃料供给系统由燃油供给、空气供给、混合气形成和废气排出 4 套装置组成。柴油机燃料供给系统按控制方式分为机械控制燃料供给系统和电子控制燃料供给系统。机械控制燃料供给系统按喷油泵的不同结构又可分为柱塞式喷油泵燃料供给系统、转子分配式喷油泵燃料供给系统、泵－喷嘴燃料供给系统、PT 型喷油泵燃料供给系统和滑套计量燃料供给系统。柴油机普遍采用柱塞式喷油泵燃料供给系统，其他形式的柴油机燃料供给系统的主要组成基本相似。

（1）柱塞式喷油泵燃料供给系统的组成

柱塞式喷油泵燃料供给系统的基本组成如图 4－1 所示。

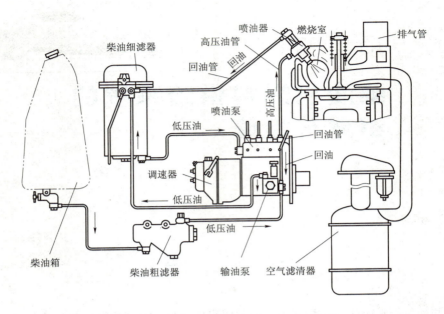

图 4-1 柴油机柱塞式喷油泵燃料供给系统

① 燃油供给装置：由柴油箱、输油泵、低压油管、柴油滤清器、喷油泵（包括调速器）、高压油管、喷油器、回油管组成。
② 空气供给装置：由空气滤清器、进气管、进气道组成。
③ 混合气形成装置：燃烧室。
④ 废气排出装置：由排气道、排气消声器组成。

柴油由输油泵从柴油箱吸出，经柴油粗滤器被吸入输油泵并泵出，经柴油细滤器，进入喷油泵，自喷油泵输出的高压油经高压油管和喷油器喷入燃烧室。由于输油泵和供油量比喷油泵供油量大得多，过量的柴油便经回油管回到输油泵低压回路。

从柴油箱到喷油泵入口的这段油路中的油压是由输油泵建立的，压力为 0.15~0.30 MPa，称为低压油路；从喷油泵到喷油器这段油路中的油压是由喷油泵建立的，压力一般在 10 MPa 以上，称为高压油路。高压的柴油通过喷油器雾化喷入燃烧室，与空气混合形成可燃混合气。

（2）转子分配式喷油泵燃料供给系统的组成

转子分配式喷油泵燃料供给系统的基本组成如图 4-2 所示。

（3）PT 型喷油泵燃料供给系统的组成

PT 型喷油泵燃油供给系统的基本组成如图 4-3 所示。

项目四 柴油机燃料供给系统的组成与检修

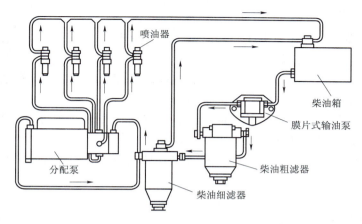

图 4-2 柴油机转子分配式喷油泵燃料供给系统

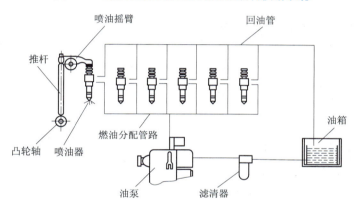

图 4-3 柴油机 PT 型喷油泵燃料供给系统

4.1.2 对柴油机供给系统的要求

根据柴油机使用和运行的各种不同工况，柴油机燃料供给系统必须按各种使用工况的要求对柴油进行有效的控制，并提供有效供给。柴油机燃料供给系统应满足以下要求：

① 按柴油机的设计要求选用柴油。正确选择燃油，是柴油机正常可靠运行、充分发挥动力性和经济性的重要保证。

② 保质、可靠、均匀地供应柴油。供给系统要保证燃油的清洁，不能渗漏，按要求可靠、均匀地供应燃油，燃油喷入燃烧室的雾化要好，便于混合气的充分混合，有利于燃油的充分燃烧。

③ 喷油正时。最佳的喷油时间，既能保证柴油机的可靠运行，又能充分发挥柴油机的动力性和经济性。

④ 良好的运行性能。为了使柴油机具备良好的运行性能，喷油泵应满足下

列要求：

a. 起动喷油量：柴油机在启动时需加浓，故喷油泵的起动喷油量较大，以使柴油机具备良好的启动性能。

b. 怠速喷油量：对怠速喷油实行有效控制，使柴油机在不同的怠速工况下得到最低而又稳定的怠速。

c. 加速工况：喷油泵应具备良好的加速供油特性，以满足汽车或机械具备良好的加速性能和动力性能。

d. 额定工况：对额定工况应实现转速升高应适当减小供油量，而转速减小应适当增加供油量，使柴油机具备良好的稳定性。

e. 变负荷工况：变负荷工况又称为转矩校正工况，对变负荷工况应实现负荷增大应适当增加供油量，而负荷减小应适当减小供油量，使柴油机具有良好的适应性。

f. 高速断油工况：柴油机高速运行时，对柴油机进行可靠地停止供油。

g. 停机断油工况：停止柴油机运行时，对柴油机进行可靠地停止供油。

⑤ 有利于减小柴油机有害气体的排放。

4.1.3 柴油机可燃混合气的形成与柴油机燃烧室

4.1.3.1 柴油机可燃混合气的形成

柴油机可燃混合气的形成与燃烧条件比汽油机的差得多，这是因为柴油的黏度较大，蒸发性较差，在正常温度和气流中难以雾化，也难以与空气充分混合，因此柴油的供给采取高压强制雾化的方式，在活塞压缩上止点前的一定角度喷入燃烧室，与进入汽缸的纯空气混合，故混合空间小，时间短，且边喷油边燃烧，混合气成分在燃烧室内分布很不均匀，混合气成分不断变化。为了保证柴油机的动力性和经济性，柴油机工作时过量空气系数很大。

4.1.3.2 柴油机的燃烧室

柴油机的可燃混合气是在燃烧室内部形成的，可燃混合气的形成品质和燃烧性能与燃烧室的结构形式密切相关，直接影响到柴油机的动力性、经济性、排放指标、噪声指标、工作寿命等。

汽车柴油机的燃烧室可分成两大类：直接喷射式燃烧室和分隔式燃烧室。

（1）直接喷射式燃烧室

直接喷射式燃烧室常见的结构形式（如图 4-4 所示）是由凹形活塞顶与汽缸盖底面所包围的空间组成，也称统一式燃烧室。几乎全部燃烧室容积都在活塞顶面上，按活塞顶面形状不同，又可分为 ω 形、球形等。

直接喷射式燃烧室的燃油自喷油器直接喷射到燃烧室中，借助油柱喷射形状和燃烧室形状的匹配以及室内空气的涡流运动，促使可燃混合气迅速形成，故其可燃混合气的形成一方面要靠燃油的喷雾和分布，另一方面要利用进气涡流和挤

项目四　柴油机燃料供给系统的组成与检修

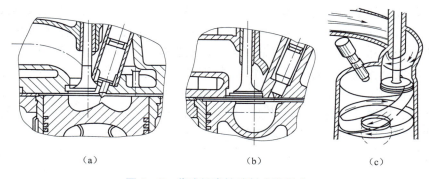

图 4-4　柴油机直接喷射式燃烧室
(a) ω形；(b) 球形；(c) 螺旋进气道空气涡流运动型

气涡流提高空气利用率。因此，燃烧室要求的喷油压力较高，一般为 17～22 MPa，必须采用小孔径的多孔喷油器，并要求喷射形状与燃烧室形状大致相符来提高雾化质量。这种燃烧室由于结构简单、紧凑，热损失少，且无节流损失，所以燃油经济性好；但缺点是由于要求有高的喷油压力和孔径小、孔数多的多孔喷油器，所以对整个供油系统的要求高，同时由于在备燃期内形成的混合气量较多，柴油机工作比较粗暴。此外，因采用直接喷射式燃烧室，故废气中 NO_x 的排放量相对较高。这些缺点曾经影响了它在轿车柴油机上的应用，但近年来，由于燃烧过程控制技术，以及机内和机外净化技术的不断发展，废气排放污染问题得到了较好的解决。这样，以经济性为主要特征的直接喷射式燃烧室在轿车柴油机上已有逐步代替分隔式燃烧室的倾向。

(2) 分隔式燃烧室

分隔式燃烧室由两部分组成：一部分位于活塞顶与汽缸盖底面之间，称为主燃烧室；另一部分在汽缸盖中，称为副燃烧室。两部分之间有一个或几个孔道相连。分隔式燃烧室常见的形式有涡流室式和预燃室式两种，如图 4-5 所示。

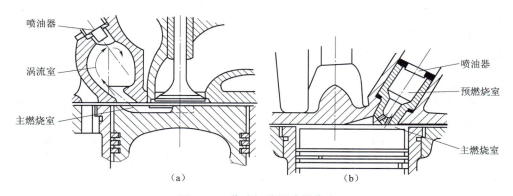

图 4-5　柴油机分隔式燃烧室
(a) 涡流室式；(b) 预燃室式

分隔式燃烧室混合气的形成都是靠强烈的空气运动,对喷油系统要求不高,使用时故障率低。由于燃烧是在两个部分内先后进行的,所以主燃烧室内气体压力升高比较缓和,柴油机工作比较平稳,曲柄连杆机构的冲击载荷也较小;由于燃烧比较安全,废气中有害排放物少。特别是涡流室式燃烧室,由于混合气的形成是靠高速的压缩涡流,转速越高,涡流越强,因而在高转速下仍能保证良好的混合质量,即混合气的形成对转速变化不敏感。偏离汽缸中心的涡流又便于布置进、排气门,所以涡流室式燃烧室曾经是轿车柴油机中用得最多的一种燃烧室,但是分隔式燃烧室散热面积大,流动损失大,故燃油消耗较高,启动性能也差。

4.2 柴油机燃料供给系统主要部件的构造与检修

4.2.1 喷油器

喷油器的功用是将喷油泵送来的高压柴油以一定的射程和分布面积以雾状形式喷入燃烧室,以利于可燃混合气的形成和燃烧。

喷油器应具有的工作要求是:

① 一定喷射压力和射程。这是保证喷油量和汽缸内喷油雾化质量的重要参数。喷油压力是喷油器校正的重要参数。

② 良好的雾化性能。喷油器是设计燃烧室和喷油器时所考虑的主要因素之一。

③ 停止喷油时断油应能迅速彻底,且不发生滴漏现象。这是喷油器校正的重要项目。

喷油器的种类较多,目前,中小功率高速柴油机大多采用闭式喷油器,即喷油器除喷射柴油的时刻外,喷油器内部与柴油机燃烧室之间被喷油器的针阀隔断。车用柴油机喷油器常见的形式有两种:孔式喷油器和轴针式喷油器。孔式喷油器主要用于直接喷射式燃烧室;而轴针式喷油器多用于分隔式燃烧室。

4.2.1.1 孔式喷油器

孔式喷油器主要用于具有直接喷射式燃烧室的柴油机。孔式喷油器喷油孔数目一般为 1~8 个,喷油孔直径为 0.2~0.8 mm,喷油压力较高(12~25 MPa),在喷油器校正时应执行所检修产品的技术标准。喷油孔的角度可使喷出的油束构成一定的锥角。喷油孔数和喷油孔角度的选择视燃烧室的形状与大小及空气涡流情况而定。

孔式喷油器的结构如图 4-6 所示。主要由针阀、针阀体、喷油器体、顶杆、调压弹簧、调压垫片、进油管接头及滤芯、回油管接头等零件组成,其中最主要的部件是用优质合金钢制成的针阀和针阀体,两者合称针阀偶件,如图4-7所示。针阀上部的圆柱表面同针阀体的相应内圆柱面为高精度的滑动配合,配合间隙为0.002~0.003 mm。若此间隙过大,则可能发生漏油而使油压下降,影响喷雾质量;间隙过小时,针阀将不能自由滑动。针阀中部的锥面全部露在针阀体的环形油腔(即高压油腔)中,用以承受油压,故称为承压锥面。针阀下端的锥面与针阀体上相应的内锥面配合,以使喷油器内腔密封,称为密封锥面。针阀偶件的配合面通常是经过精磨后再相互研磨而保证其配合精度的,所以选配和研磨好的一副针阀偶件是不能互换的,这点在维修过程中应特别注意。

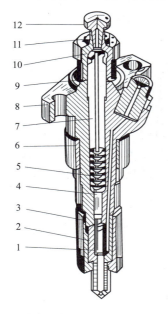 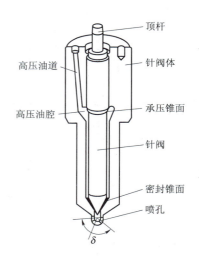

图4-6 孔式喷油器　　　　　　　图4-7 喷油器针阀偶件

1—针阀体;2—针阀;3—油嘴紧帽;4—挺杆;
5—调压弹簧;6—橡胶圈;7—调压螺钉;
8—喷油器体;9—密封垫圈;10—锁紧螺母;
11—密封垫圈;12—空心螺栓

　　装在喷油器体上的调压弹簧通过顶杆使针阀紧压在针阀体上密封锥面上而将喷油孔关闭。为防止细小杂物堵塞喷油孔,在进油管接头中一般装有缝隙式滤芯。

　　喷油器在工作时,喷油泵输出的高压柴油从进油管接头经过喷油体与针阀体中的油孔道,进入针阀中部周围的水状空间——高压油腔。油压作用在针阀的承压锥面上,造成一个向上的轴向推力,当此推力克服了调压弹簧的预紧力时,可通过调压垫片或调压螺钉调节。

　　在喷油器工作期间,会有少量柴油从针阀与针阀体之间的间隙缓慢泄漏。这部分柴油对针阀起润滑作用,并沿顶杆周围空隙上升,通过调压垫片中间的油孔进入回油管,然后流回柴油箱。

4.2.1.2 轴针式喷油器

轴针式喷油器适用于对喷雾要求不高的分隔式燃烧室,它的工作原理与孔式喷油器相同,构造也相似。不同之处在于针阀下端的密封锥面以下还延伸出一个轴针,其形状可以是倒锥形或圆柱形,因此喷射时喷柱将呈空心的柱形或锥形,如图4-8所示。由于轴针伸出喷油孔外,所以使喷油孔成为圆环状狭缝(通常轴针与孔的径向间隙为0.05 mm)。轴针式喷油器喷油孔形状与喷雾锥角取决于轴针的形状和升程,因此要求轴针的形状加工得非常精确。

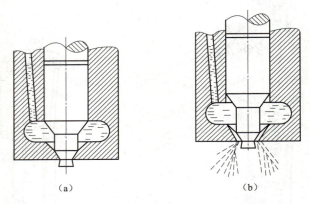

图4-8 喷油器喷油情况
(a) 不喷油时;(b) 喷油时

常见的轴针式喷油器只有一个喷油孔,孔径为1~3 mm。因为喷油孔直径较大,孔内的轴针又不断地上、下运动,因而喷油孔不易积炭,而且还有自行清理积炭的功能。

为了使柴油机工作柔和,改善燃烧条件,喷油器最好在每一个循环的供油过程中,都要做到初期喷油少,中期喷油多,后期喷油少。因此,将轴针式喷油器的轴针做成可变的节流断面,通过密封锥面及轴针处的节流断面作用,可较好地满足喷油特性要求。

有的涡流室式柴油机喷油器在主喷油孔以外,还开有一个辅助喷油孔。例如,结构如图4-9所示。分流式轴针喷嘴,称为分流式轴针喷油器。当柴油机启动时,由于转速很低,喷油泵供油压力小,因此针阀的升程很小,这时燃料大部分从辅助喷油孔喷出,而主喷油孔只喷出少量燃料。当启动后,转速升高,喷油泵供油压力增加,针阀升程加大,此时燃料大部分从主喷油孔喷出。试验表明,与普通轴针式喷油器相比,分流式轴针喷油器具有较好的经济性,并且改善了柴油机的启动性能。

项目四　柴油机燃料供给系统的组成与检修

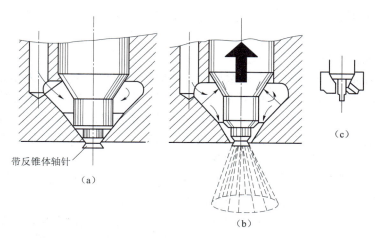

图4-9　轴针式喷油器

(a) 带反锥体轴针喷油器；(b) 带反锥体轴针喷油器喷油情况；(c) 分流式轴针喷油器

轴针式喷油孔径较大，喷油压力较低（12~14 MPa），所以容易加工。它适用于对喷雾要求不高的涡流室式燃烧室和预燃室式燃烧室。

柴油机喷油器的喷油嘴头部伸入燃烧室，在高温、高压和燃气腐蚀条件下长期工作，而且本身内部的运动件又受到高速流动燃油的冲击及燃油中所含微小机械杂质的反复冲刷，因此极易磨损和被腐蚀，是柴油机燃油系统中出故障最多的部件之一。

4.2.1.3　喷油器常见故障

在判断喷油器是否有故障时，应注意区分是喷油器有故障，还是喷油泵和汽缸有问题。如果喷油泵工作良好，则从高压油管就能喷出强有力的油柱，并有回油流出。柴油机工作良好时，喷油器外观清洁，喷油嘴只附着薄而均匀、干燥的轻微炭末。若喷油器上有积炭并且分布面多，且附着有湿润的柴油，说明气门关闭不严或喷油时间过迟等；喷油嘴积炭较多，且附着有带黏性的湿润机油，原因是活塞环、活塞、汽缸之间的配合间隙过大，有机油上窜燃烧室；针阀零件变蓝、变黑是温度过高所致，针阀零件变色说明其材料的硬度发生变化，甚至产生变形而卡死。

喷油器常见的故障有以下几项。

（1）喷油器开启压力低

喷油器开启压力低将导致燃油雾化不良，运转中可能出现二次喷射现象。影响柴油机燃烧过程。其主要原因是调整不当；调压弹簧弹力下降或因调压螺钉的固定螺母松动引起弹力下降。

当喷油嘴针阀与针阀体之间的密封锥面磨损和喷油器弹簧弹力减弱时，喷油器的开始喷射压力就会下降，下降的幅度与磨损程度成正比。通过检测发现，喷油器开启压力低时，首先应排除人为调整错误、喷油嘴固定螺套松动和调压螺钉松动等机械故障，然后对喷油器进行清洁检查，确认针阀零件和调压弹簧合格后再进行组装，并重新调整喷油压力。

（2）喷雾不良

喷油嘴轴针和喷油孔的磨损会使油流截面积不规则扩大，导致喷油器的喷雾质量变坏，使燃油喷入汽缸后不能在规定的时间内完全燃烧，形成过多的积炭和炭烟，使柴油机启动性、动力性、经济性和排放指标都随之恶化。

引起喷雾不良的主要原因是：喷油器开启压力过低；喷油内部不清洁或燃油不清洁；喷油孔内积炭；针阀零件密封锥面磨损。

发现喷油雾化不良时，应首先调整喷油器的开启压力；若雾化质量仍不符合要求，则应分解并清洁各零件，清除针阀上的积炭，必要时适当研磨针阀零件密封锥面，再用清洁符合要求的燃油进行试验。如果雾化质量仍达不到要求，则应更换喷油器。雾化质量的好坏可与标准零件的雾化质量进行比较。

（3）喷油器漏油

喷油器漏油有两种情况：一种是管接头漏油；另一种情况是在喷油过程中从喷油口附近漏油。

喷油器漏油的原因是在喷油器组装过程中针阀与喷油体结合面之间不清洁，夹持的异物影响端面密封；再就是一些有定位销的喷油器，在组装的过程中，装配顺序错误导致定位销在拧紧压紧的过程中产生变形，影响端面密封效果。此外，针阀卡死在开启位置、针阀密封锥面损坏、调压弹簧折断等故障也会引起喷油器漏油。

发现喷油器漏油时，应分解检查针阀零件和调压弹簧，对针阀密封零件进行研磨，必要时应进行更换。值得注意的是，当试验用柴油的清洁度不符合要求时，即使是合格的喷油器也会出现雾化不良的漏油现象。

（4）喷油器开启压力过高

喷油器开启压力过高时将喷出的油束贯距离增加，不利于混合气的形成和燃烧过程的组织，同时还会增加燃料系统油耗及喷油泵的负荷，影响使用寿命。其原因有：调整不当、针阀黏滞、喷油孔堵塞。这种故障较少出现。

（5）针阀升程增大

针阀升程是指喷油嘴上端面凸肩至针阀体上端面的距离。由于针阀凸肩、针阀与阀座密封锥面的磨损，使升程逐渐增大。针阀升程的增大会增加针阀凸肩、喷油器壳体下端面以及针阀座面上的冲击载荷，就会增加这些部件的磨损，同时还会延缓针阀的闭合时间，引起燃烧气体回窜及腐蚀喷油嘴等问题。升程的检查可采用与同型号的新喷油器进行比较的方法，若升程增值超过 0.15 mm，则必须更换喷油器。

（6）喷油孔部分堵塞

多孔直喷式喷油器常会发生个别喷油孔堵塞的现象，这是燃烧室气体回窜、严重积炭、喷油器漏油、喷油泵供油严重不平衡等原因所造成,喷油孔部分堵塞将燃油喷射量减小且不合理的分布,导致柴油机功率下降。检修时应将喷油器喷油孔的积炭清洗干净。

(7) 喷油器回油量增大

喷油器回油管中有微量回油属正常现象,是润滑针阀与针阀体所必需的;但回油量过大,说明针阀导向部分磨损严重或针阀与针阀座之间的环形油道接触不良(大多数为喷油器固定螺套松动所致),使燃油从此处漏入喷油器上腔并经回油管排出。这对喷油器的喷油压力和雾化产生不良影响,应研磨或更换针阀,然后重新做喷油试验。

(8) 喷油器针阀卡死

除了喷油器偶件本身质量原因(配合过紧)外,还有喷射压力过低、严重积炭、燃油中的机械杂质过多,以及柴油和燃烧室回窜气体导致针阀锈蚀而卡死在针阀体内等原因。

当针阀卡死在开启位置时,开始喷射压力很小,柴油不能雾化,柴油机爆燃敲击声强烈,且排出黑色浓烟;当针阀卡死在关闭位置,此喷油器就将无法喷油。

(9) 喷油器积炭较多

若喷油器上的积炭不湿润,并且集中在喷油器口处,则可能是喷油器性能不良;若喷油器上积炭多,且附着有湿润的柴油,则是喷油器针阀卡死在不能关闭的位置上,漏油严重等;若喷油器固定螺套外圆表面积炭,这是安装喷油器时,喷油器因固定安装密封不良所致。

另外,若有少量燃油从接口处渗出,且喷油器温度较低,渗出的燃油只会使固定螺套外圆湿润;若喷油器与座孔间的密封不良,则从汽缸上窜的高温气体将会使渗出燃油烧成积炭或变为焦油状。

(10) 喷油方向或喷油角度不对

喷油方向不对,可能是喷油器偶件型号弄错和人为装配不当所致(定位销钉打断后未予以重新配制);而喷油角度不对,也与轴针、喷油孔异常磨损有关。

4.2.1.4 喷油器零件的检修

(1) 分解

分解喷油器时首先应注意工作场地及所用的设备、工具、清洗剂等的清洁,同时,操作时应细心,以免损坏零件的精密表面。解体前,应确认缸序标记,按缸序拆卸喷油器,并保证能正确装回原位。

(2) 清洗

在清洁的柴油中清洗针阀偶件。可用木条清除针阀前端轴针上的积炭;阀座外部的积炭则用铜丝刷清除。疏通喷油孔时,可根据喷油孔的大小选用不同直径的钢丝进行,可借助放大镜提高操作的准确性。不得用手接触针阀的配合表面,以免手上的汗渍遗留在精密表面而引起锈蚀。

(3) 检验

① 针阀和座的配合表面不得有烧伤、腐蚀等现象。

② 针阀的轴针变形和其他损伤。

③ 针阀偶件的配合间隙检验，可按图 4-10 所示，将针阀体倾斜 60°左右，针阀拉出 1/3 行程，放开后针阀应能平稳地滑入针阀座之中；重复上述动作，每次转动针阀到不同位置，如针阀在某位置不能平稳地下滑，说明针阀变形或表面损伤；若下滑速度过快，说明间隙因磨损而过大，出现以上两种情况都应更换针阀偶件。

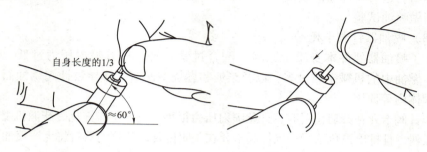

图 4-10　针阀的检验

(4) 装配

喷油器分解检修后，应彻底洗净并重新装配。装配时喷油器的针阀和针阀体不能互换。对于一些起密封作用的紫铜垫圈、橡胶密封件，则应予以更新。装配后进行检验调试，使其性能达到技术要求。

4.2.1.5　喷油器总成的检验调试

喷油器虽然容易发生故障，但在检修时一般以检验调试为主。

(1) 喷油压力的检验调整

在洗净喷油器后，将其装在喷油器试验器上测试其开始喷油压力和喷射雾化质量，如图 4-11 所示。测试前，应操纵喷油器试验手柄反复做多次压油动作，使喷油器和高压油管内完全充满柴油，然后再缓慢压油（以 60 次/min 为宜），同时观察压力表，当读数开始下降时，即为喷油器开启压力。喷油器的开启压力应符合标准；若不符，应视结构拧动调压螺钉或更换调整垫片加以调整，调定后将锁紧螺母拧紧并再次测试开始喷油压力，直到符合要求为止。

开始喷油压力的标准值应视所匹配柴油机的技术手册为准（同样的喷油器偶件用在不同类型的柴油机上，可以有不同的开始喷油压力标准值）。资料不全的情况下，可用标准件测得的数据为参考标准值。允许喷油压力在一定范围上下浮动（但所有缸的喷油压力必须一致）。考虑到喷油器的磨损多伴随着喷油压力的降低，因此每次将喷油器送检时，都要将喷油器压力调至允许范围的中间偏上一些为好。

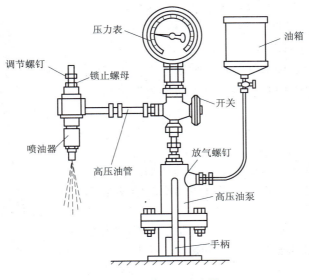

图 4 – 11 喷油器试验器

(2) 喷射质量检查

喷射质量检查包括雾流形状、断油干脆程度和喷雾锥角的检查。最常用的检查方法是目测喷雾形状，倾听喷雾声响，检查喷雾锥角。

检查雾流形状时，以 3~5 次/s 的速度压手柄（相当于喷油泵怠速时的泵油速度）。这时喷出的油雾应是细小均匀的，不允许有肉眼可分辨出来的线条状油流或断续飞溅的较大油粒。放慢手柄速度（1 次/s）时，喷雾颗粒会变粗，但基本仍应保持发散而成油雾状，不允许呈线条状油流。对于多孔式喷油器，各喷油孔应形成一个雾化良好的小锥状油束，各油束间隔角应符合原厂规定。对于轴针式喷油器，要求喷雾为圆锥形，不得偏斜，油雾应细小而均匀。此项检查可与喷油压力检查同时进行。

断油干脆程度主要通过喷射时发出的脉动声响来判断。以不同的速度操纵压油手柄时，断油干脆的喷油器可在某一速度范围内听到清晰的脉动声响（对于轴针式、节流式和孔式喷油器，可分别听到"唧唧"、高笛音和"呼呼"的声响）。如果响声沙哑，说明喷油器喷雾不良或针阀运动不灵活；如果响声微弱或听不到响声，说明喷油压力过低或不喷油。

喷雾锥角的检查可在距喷油器喷油孔 100~200 mm 处放一张白纸，纸面应与喷油器轴线垂直，然后快速压动油泵手柄，做一次喷射，使油雾喷射在纸上，量出纸面到喷油器针阀端面的距离 h 和纸上的油迹直径 d 就可计算得到雾锥角 α，如图 4 – 12 所示。

(3) 密封性检查

检查阀座密封性时，可操纵压油手柄，使喷油器试验器的油压保持在比开始喷油压力标准值小 2 MPa 的位置 10 s，这时喷油嘴部不应有油滴流出（稍有湿润是允许的）；且油压从 19.6 MPa 下降时 17.6 MPa 的时间在 10 s 以上。如时间过短，可能是油管接头处漏油、针阀体与喷油器体平面配合不严、密封锥面封闭不严、导向部分磨损造成间隙过大等原因。

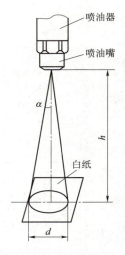

图 4-12 喷雾锥角的检查

4.2.2 喷油泵

喷油泵又被称为高压油泵，它的功用是定时、定量地向喷油器输送高压燃油。多缸柴油机的喷油泵还应满足下列要求：

① 喷油泵的供油次序应符合柴油机各缸的工作次序。
② 向喷油器供给足够压力的燃油，来保证良好的雾化质量。
③ 根据柴油机工作负荷的大小，供给相应的每循环供油量。
④ 保证各缸供油量均匀，不均匀度在标定工况下不大于 3% ~ 4%。
⑤ 各缸供油提前角一致，相差不大于 0.5°曲轴转角。
⑥ 断油迅速，操纵性好。

车用柴油机喷油泵大体可分为 3 类：柱塞式喷油泵、泵喷嘴、分配式喷油泵。

柱塞式喷油泵发展和应用的历史较长，性能良好，使用可靠，为目前大多数汽车柴油机所采用；但其精密偶件较多，占有柴油机成本较重的比例。

泵喷嘴的特点是将喷油泵和喷油器合成一体，直接安装在柴油机汽缸盖上，以消除高压油管带来的不利影响，但要求在柴油机上另加喷油正时驱动机构，应用于 PT 泵燃油供给系统的喷油泵即属于此类。

转子分配式喷油泵是依靠转子的转动实现燃油的增压及分配，它只用一组精密偶件，具有体积小、质量小、成本低、使用方便等优点，尤其是体积小，对发动机和汽车的整体布置是十分有利的。

4.2.2.1 柱塞式喷油泵

国产柱塞式喷油泵是根据柴油机单缸功率范围对喷油泵供油量的要求不同，以柱塞行程、分泵中心距和结构形式为基础，把喷油泵分为几个系列，再分别配以不同直径的柱塞，组成若干种在一个工作范围内供油量不等的喷油泵，以满足各种柴油机的需要。喷油泵的系列化有利于制造和维修。

国产系列喷油泵分为 Ⅰ、Ⅱ、Ⅲ 和 A，B，P，Z 等系列，其中前 3 种的单缸每循环供油量覆盖了 60 ~ 330 ml/c（循环）的范围，后 4 种则覆盖了 60 ~ 600 ml/c（循环）的范围，上述七种系列喷油泵的主要参数如表 4-1 所示。

项目四 柴油机燃料供给系统的组成与检修

表4-1 国产系列喷油泵主要参数

主要参数 \ 系列代号	I	II	III	A	B	P	Z
凸轮升程/mm	7	8	10	8	10	10	12
分泵中心距/mm	25	32	38	32	40	35	45
柱塞直径范围/mm	7~8	7~11	9~13	7~9	8~10	8~13	10~13
最大供油量范围/($mm^3 \cdot 循环^{-1}$)	60~150	80~250	250~330	60~150	130~225	130~475	300~600
分泵数	1~12	2~12	2~8	2~12	2~12	4~8	2~8
最大转速范围/rpm	1 500	1 500	1 000	1 400	1 000	1 500	900
适用柴油机缸径范围/mm	100以下	105~135	140~160	105~135	135~150	120~160	150~180

(1) 柱塞式喷油泵的结构及原理

柱塞式喷油泵由分泵、油量调节机构、传动机构和泵体4部分组成,如图4-13所示。

1) 分泵

分泵是喷油泵的泵油机构,是产生供油压力和控制供油量的主要组件。每台喷油泵都由数个结构和尺寸完全相同的若干个分泵组成,它的数目与配套柴油机的汽缸数相等,各分泵装在同一泵体中,由共同的凸轮轴驱动,并对供油量进行统一调节。

① 分泵的结构。分泵主要由柱塞偶件(柱塞套)、柱塞弹簧、弹簧座、出油阀偶件(出油阀和出油阀座)、出油阀弹簧等零件组成。

柱塞和柱塞套、出油阀和出油阀座是分泵中两对重要精密偶件,它是通过精密加工和选配而成,其配合间隙严格控制在0.001 5~0.002 5 mm,具有很好的强度和耐磨性。

柱塞偶件是产生高压油的压油元件,其结构如图4-14所示。柱塞套装在泵体座孔内固定不动,柱塞由凸轮驱动,在柱

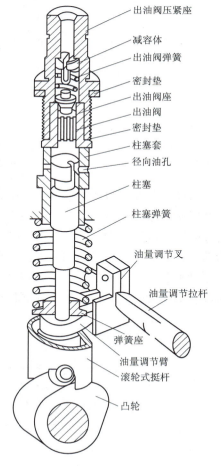

图4-13 柱塞式喷油泵

塞套内上下往复运动。此外，可绕自身轴线在一定角度转动。柱塞头部的圆柱表面铣有螺旋槽或斜槽，并利用直槽或中心孔（径向孔和轴向孔）使槽与柱塞上方泵腔相通。柱塞套上部开有一个进油和回油用的径向小孔与泵体上的低压油腔相通，有的则开有两个径向小孔，两个小孔的中心线可以在一个水平线上，也可不在同一水平线上，上面的为进油孔，下面的为回油孔。柱塞弹簧通过弹簧座将柱塞推向下方，使柱塞下端与滚轮式挺杆接触，并使挺杆中的滚轮与下凸轮接触。

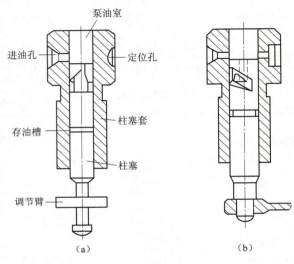

图 4-14　柱塞偶件
（a）螺旋槽式；（b）斜槽式

出油阀偶件是为在喷油结束后使高压油管卸载，以及在每个喷油循环内把高压及低压油路分开而设置的，其结构如图 4-15 所示。出油阀上部的圆锥面为阀的轴向密封锥面；中部的圆柱面为减压环带，与阀座内孔精密配合，是阀的径向滑动密封面；阀的尾部同阀座内孔为滑动配合，出油阀偶件位于柱塞套上面，二者接触平面要求严密配合。压紧座以规定力矩拧入后，通过高压密封垫圈将阀座与柱塞套压紧，同时使出油阀弹簧将出油阀压在阀座上。

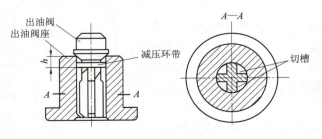

图 4-15　出油阀偶件

② 泵油原理。分泵的泵油原理如图 4-16 所示。当柱塞自上止点下移时，其上方泵腔容积增大，产生真空度；当柱塞上端面低于柱塞套上进油孔上缘时，燃油自低压油腔经油孔被吸入并充满泵腔及柱塞头部凹穴部分，直至下止点，完成进油过程（如图 4-16（a）所示）。

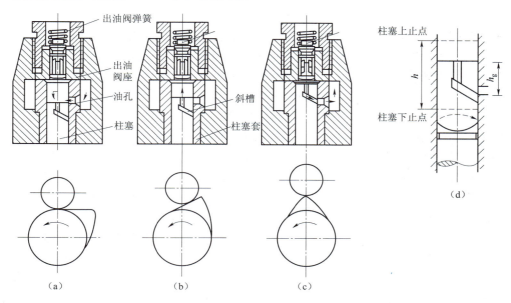

图 4-16　柱塞式喷油泵泵油原理
（a）进油；（b）压油；（c）回油；（d）柱塞行程

随后柱塞自下止点上移，起初有一部分燃油被从泵腔挤压至低压油腔，直到柱塞上部的圆柱面将进油孔完全封闭为止。此后，柱塞继续上移，柱塞上部的燃油压力骤然增高，直到足以克服出油阀弹簧的作用力时，出油阀即开始上升。当出油阀上的圆柱形环带离开出油阀座时，高压燃油便自泵腔通过高压油管流向喷油器（如图 4-16（b）所示）。

柱塞继续上移，当柱塞上的斜槽与油孔开始接通时，泵腔内的燃油便经柱塞上的直槽、斜槽和油孔流向低压油腔。这时，泵腔中油压迅速下降，出油阀在弹簧压力作用下立即复位，喷油泵供油立即停止。此后柱塞仍继续上行，直到上止点为止，但不再泵油（如图 4-16（c）所示）。

由上述泵油过程可知，由驱动凸轮轮廓曲线决定的柱塞行程 h（即柱塞的上、下止点间的距离）是一定的，但并非在整个柱塞上移行程 h 内都供油。喷油泵只是在柱塞完全封闭油孔之后到柱塞斜槽与油孔开始接通之前的这一部分柱塞行程 h_g 内才泵油。h_g 称为柱塞有效行程（如图 4-16（d）所示）。显然，喷油泵每次泵出的油量取决于有效行程的长短，因此欲使喷油泵能随发动机工况不同而改变供油量，只需改变有效行程，一般通过改变柱塞斜槽与柱塞套油孔的相对角位置来实现。

③ 出油阀的作用。出油阀的作用分以下三个方面。

a. 防止燃油倒流，使高压油管内保持一定的残余压力。由于出油阀在停止供油时即起止回阀的作用，可防止燃油从高压油管回流，并使高压油管中有一定的残余压力。高压油管内保持一定的残余油压是必要的，可使每次供油迅速建立起喷油压力。残余压力的大小因泵而异，一般不大于 7~8 MPa。若过小，则使喷油时间滞后；若过大，则使喷油停止不干脆。残余油压的大小与油阀弹簧预紧有关，预紧力过大，出油阀关闭速度加快，则油管中燃油回流量减少，残余油压较高；反之则较低。如果各分泵出油阀弹簧的预紧度不均，则会引起各缸高压油管中残余压力的不同，从而使喷油的间隙时间和供油量不均。

b. 防止喷油滴油。在压油时存在着"管胀油缩"现象，当突然停止供油时，泵油室内的油压即下降，此时，在原来高压油作用下迅速回位，一旦减压环带接触阀座孔，便立即隔断高压油路，此时，原来在高油压作用下有微量膨胀的高压油管会收缩，使喷油器内油阀回位时，要等减压环带完全进入出油阀座导向孔，密封锥面落座后才回位完毕。从减压环带一进入导向孔，泵腔出口被切断而停止出油到密封锥面落座止，出油阀本身让开的容积，正好弥补高压管微量收缩对管内燃油的挤压作用，使高压管路中压力迅速降低，立刻停止喷油，防止了喷油器的喷后滴漏现象。

c. 防止喷油前滴油。喷油泵供油时，泵油室内的油压升高，必须超过出油阀弹簧的预紧力和高压油管内的残余压力后，出油阀才能升起，使其密封锥面离开阀座，但此时还不能立即向高压油管供油，必须等到出油阀上的减压带完全离开阀座的导向孔时，泵油室的燃油才能进入高压油管。出油阀从落座位置上升到开始向高压油管供油时所移动的距离为 h。这样一旦供油的通路打开，油压和喷射速度即达到理想的数值，防止了油管的油压逐渐升高而产生喷油前滴油。

2) 油量调节机构

油量调节机构的作用是执行驾驶员或调速器的指令，改变分泵供油量以满足柴油机使用工况的要求。柱塞式喷油泵一般通过转动柱塞，即改变其柱塞的有效行程达到改变供油量的目的。在维修时，通过它可以调整各缸供油的均匀性。

油量调节机构有齿杆式、球销式、拨叉式等几种基本形式。

① 齿杆式油量调节机构如图 4-17 所示。油量调节套筒松套在柱塞套上。可调齿圈与调节齿杆啮合，柱塞下端的十字形凸缘嵌入油量调节套筒的切槽中。调节

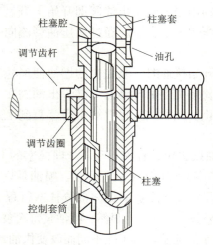

图 4-17 齿杆式油量调节机构

齿杆的轴向位置由人工或调速器控制。移动齿杆时，齿圈连同油量调节套筒带动柱塞相对于柱塞套转动，以调节供油量。

各缸供油均匀性的调整，可通过改变可调齿圈和油量调节套筒的相对位置来实现，即松开可调齿圈，按调整的需要使套筒与柱塞一起相对于可调齿圈转过某一角度，再将可调齿圈锁紧在套筒上。

齿杆式油量调节机构传动平稳，工作可靠；但是结构复杂，成本较高。

② 球销式油量调节机构如图 4-18 所示。其工作原理与齿杆式油量调节机构比较相似。油量调节套筒松套在柱塞套上，在下面缺口中嵌入十字形凸缘，其上部镶嵌一个钢球。在油量调节拉杆水平的直角边上开有小槽，工作时槽口和油量调节套筒上的钢球啮合。当移动油量调节拉杆时，槽口带动钢球使调节套与柱塞一起转动，从而达到调节供油量的目的。

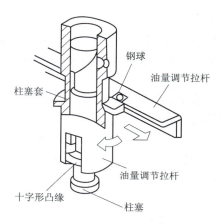

图 4-18　球销式油量调节机构

球销式油量调节机构结构简单，工作可靠，制造方便。

③ 拨叉式油量调节机构如图 4-19 所示。柱塞的下端压入调节臂，臂的球头端插入拨叉的槽内，拨叉用紧固螺栓夹紧在调节拉杆上。调节拉杆装在油泵下体孔内的油量调节套筒中，其轴向位置由人工和调速器控制。拉动调节拉杆时，拨叉带动调节臂及柱塞相对于柱塞套转动，从而调节了供油量。在移动调节拉杆时各分泵柱塞旋转角度相同，所以各缸供油量的变化也相同。

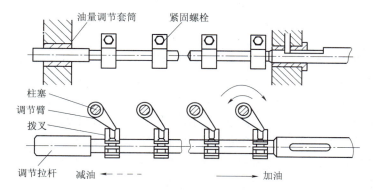

图 4-19　拨叉式油量调节机构

各缸供油均匀性的调整，可通过改变拨叉在供油拉杆上的位置来实现。拨叉式油量调节机构结构简单，加工方便，易于维修。

3）传动机构

传动机构的作用是为喷油泵的运行提供动力并控制其运动，保证供油准时。它主要由滚动式挺杆和喷油泵凸轮轴组成。

凸轮传送推力使柱塞运动，产生高油压，同时还保证分泵按柴油机的工作顺序和一定的规律供油。凸轮轴上的凸轮数目与缸数相同，排列顺序与柴油机的工作顺序相同。相邻工作两缸凸轮间的夹角叫供油间隔角，角度的大小同配气机构凸轮轴同名凸轮的排列，四缸柴油机为90°，六缸柴油机为60°。四冲程柴油机喷油泵的凸轮轴转速和配气机构的凸轮轴转速一样，都等于曲轴转速1/2。

滚轮式挺杆的功用是变凸轮的旋转运动为自身的直线往复运动，推动柱塞上行供油。此外，改变滚轮式挺杆的工作高度即改变了柱塞封闭柱塞套进油孔的时刻，因此可用来调整各分泵的供油提前角和供油间隔角。

滚轮式挺杆有3种形式：调整垫块式、调整螺钉式、不可调整式，如图4-20所示。

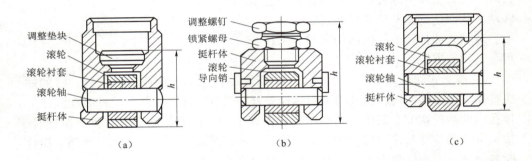

图 4-20 滚轮式挺杆
(a) 调整垫块式；(b) 调整螺钉式；(c) 不可调整式

调整垫块式滚轮式挺杆，如图4-20（a）所示。带有滑动配合衬套的滚轮松套在滚轮轴上，轴也松套在挺杆体的座孔中，因此相对运动发生在3处，相对滑动的速度相应降低，减轻了磨损，且磨损均匀。挺杆体在壳体导孔中只能往复运动，不能转动。调整垫块安装在挺杆体的座孔中，它的上端面到滚轮下沿的距离 h 称为滚轮式挺杆体的工作高度。垫块加厚时，h 值随之增大，供油提前角也增大。调整垫块用耐磨材料制成，并制有不同的厚度，厚度差为 0.1 mm，相应凸轮轴转角为 0.5°，反映到曲轴上为 1°。

调整螺钉式滚轮式挺杆，如图4-20（b）所示。它的特点是在挺杆体上端装有工作高度可调节的调整螺钉。若拧出螺钉，则 h 值增大，供油提前角即增大；若拧入螺钉，则 h 值减小，供油提前角即减小。调整时要注意螺钉的最大高度并及时锁紧，以防柱塞到上止点时顶撞出油阀引起损坏。

不可调整式滚轮式挺杆，如图4-20（c）所示。由于其工作高度不可调整，故供油提前角的调整采用其他方式进行，如P型泵采用轴向移动柱塞套来调整供油时刻。

4）泵体

泵体是支承和安装喷油泵所有零件的基础。泵体在工作中还承受很大的载荷，因此要求泵体应有足够的强度和刚度。泵体分组合式和整体式两种。整体式泵体刚度好，密封性强，是目前国内外新型泵体的主要形式。

泵体下端的凸轮室有机油，以保证传动机构的润滑。喷油泵的润滑方式有两种：一种是独立润滑，即单独向喷油泵壳体及调速器壳体中加注机油，此种方式需经常检查和加换机油。另一种是压力润滑，亦即将喷油泵、调速器和柴油机的润滑系统连通起来，并使机油不断循环。泵体中的机油用油管从柴油机润滑系统主油道引来，并经回油管回流到油底壳。

图4-21所示为A型泵的结构和外形图。

（2）柱塞式喷油泵的检修

1）解体

喷油泵解体之前，应用汽油、煤油或柴油认真清洗外部，但不得用碱水清洗。喷油泵解体时，应注意以下问题：

① 尽量使用专用工具。

② 拆下零件后，要按部位顺序放置，尤其对于柱塞偶件和出油阀等零件，在解体和以后的清洗时，更应非常仔细，避免磕碰，并绝对不允许互换。

③ 对有装配位置要求的零件，如齿条、调整螺钉等零件，应做标记标明原来的装配位置，防止装配时装错位置。

④ 喷油泵总体包括分泵、输油泵、调速器、供油提前调节装置等部件，在解体时应先分解成部件，然后结合检验修理再做进一步分解。

2）柱塞偶件的检修

① 柱塞偶件的外观检验。在对柱塞偶件进行外观检验后，若发现有以下情况时，则应将其更换掉。

a. 柱塞表面有明显的磨损痕迹。

b. 柱塞弯曲或头部变形。

c. 柱塞或柱塞套有裂纹。

d. 柱塞头部斜槽、直槽及环槽边缘有剥落或锈蚀等现象。

e. 柱塞套的内圆表面有锈蚀或明显的刻痕。

f. 齿杆式油量调节机构的柱塞副磨损，其柱塞下端凸耳与旋转套筒的配合间隙超过0.15 mm（标准为0.02~0.10 mm）。

② 柱塞的滑动性能试验。先用洁净的柴油仔细清洗柱塞偶件，并涂上干净的柴油后进行试验。

98 柴油发动机构造与维修

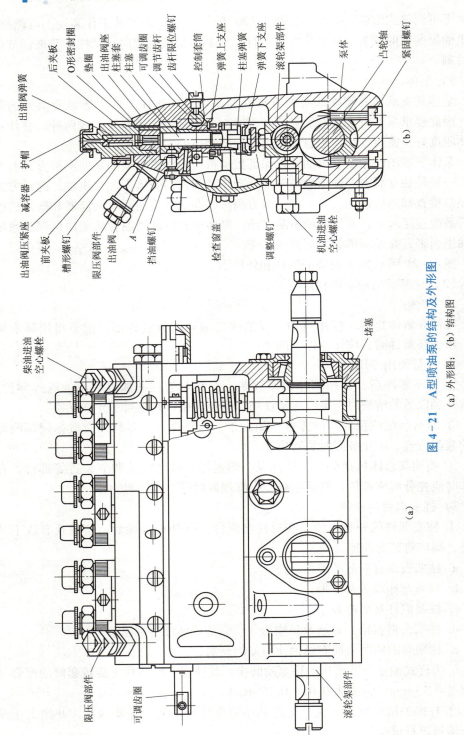

图 4-21 A型喷油泵的结构及外形图
(a) 外形图；(b) 结构图

如图4-22所示，将柱塞套倾斜60°左右，并拉出柱塞全行程的1/3左右。放手后，柱塞应在自重作用下平滑缓慢地进入套筒内；然后转动柱塞，在其他位置重复上述试验，柱塞也应平稳地滑入套筒内。

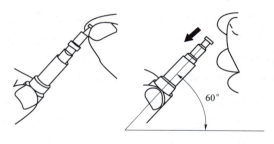

图4-22 柱塞的滑行性能实验

如下滑时在某个位置有阻滞现象，可用抛光剂涂在柱塞表面，插入柱塞套内研配；若柱塞顶部边缘部分有毛刺而产生阻滞时，可用细质油石磨去毛刺，然后清洗干净，涂上抛光剂与柱塞套互研直至无阻滞时为止；如果下滑很快，说明磨损过甚，必须成对更换。

③ 柱塞密封性试验。

a. 将各分泵机构中的出油阀拆除，放出泵内的空气，将喷油器试验器的高压油管接入出油阀接头。

b. 移动供油量调节机构的齿杆拉杆，使喷油泵处在最大供油位置。转动喷油泵凸轮轴，使被测柱塞移动到行程的中间部位，柱塞顶面应完全盖住进油孔和回油孔。

c. 将喷油器试验器的压力调至 20 MPa 后停止泵油，测定压力下降至 10 MPa 时所用时间（单位 s）应不小于下式计算的结果：

$$时间 = 48 - 4d$$

式中，d 为柱塞直径，单位为 mm。

例如，Ⅱ号喷油泵的柱塞直径为 9 mm，则上述试验所测得的时间不得少于 $48 - 4 \times 9 = 12$（s）。同一喷油泵的所有柱塞的柱塞偶件的密封性误差均应在5%的范围内。

无试验设备时，也可用手指盖住柱塞套的顶部和进、出油口，使柱塞处于最大供油位置，另一手将柱塞由最上方位置向下拉，此时应感到有明显的吸力。放松柱塞后，柱塞应能迅速回到原位；否则，应更换柱塞偶件。

3）出油阀偶件的检修

① 出油阀偶件的外观检验。发现有下列情况之一时应更换出油阀偶件：

a. 出油阀的减压环带有严重的磨损痕迹。

b. 锥面磨损过多，并有金属剥落痕迹和划痕。

c. 出油阀体和阀座端面及锥面有裂纹。

d. 阀体或阀座锥面锈蚀。

② 出油阀滑动性试验。将出油阀及阀座在柴油中浸泡后，拿住阀座，并在竖直位置向上抽出阀体约行程的1/3，松开时阀体应能在自重作用下落座。若在几个不同位置上试验都能符合上述要求，则为良好。

③ 出油阀密封性试验。如图 4-23 所示，将出油阀从出油阀座拉出约 5 mm（减压环带与出油阀座平齐），堵住出油阀座的下孔，然后用力压出油阀入座。当压时费力，而松开时出油阀能自动弹出的，则为正常；否则表明密封已损坏。或者，先堵住出油阀座下孔，拉出油阀 5 mm（减压环带与出油阀座平齐），然后放松出油阀，出油阀能自动吸回为正常。

这种试验法多用于检查出油阀偶件的磨损程度，因为出油阀的减压环带很窄，稍有磨损就能对密封产生很大影响。

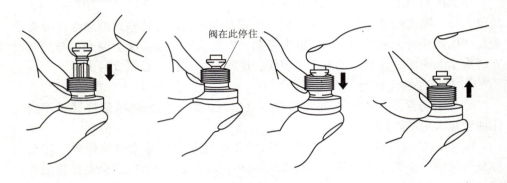

图 4-23　出油阀密封性试验

4.2.2.2　泵喷嘴

泵喷嘴就是喷油泵和喷油器之间不用高压油管而直接连一起的喷油装置。它像喷油器一样直接安装在柴油机各个汽缸的缸盖上，有的直接由柴油机凸轮轴驱动，即所谓凸轮驱动式。因为没有高压油管，故适合于高压喷射，可改善喷油特性。

美国康明斯公司和日本小松制作所合作生产的 PT 型供油系统中采用了泵喷嘴，其喷油器的结构如图 4-24 所示。

在燃油进口处有一个重要结构——平衡孔，其作用为：在燃油到达端部的量孔之前限制燃油的流量，从而协助调整燃油压力。高压燃油经过平衡孔后到达罩盖处，在这里燃油被分成两路：一部分燃油通过量孔进入压力室；另一部分经过回油管流回油箱。

喷油器的基本工作原理如图 4-25 所示。喷油量由量孔前的压力和喷油腔中的压力差决定，而量孔开放时间则由凸轮驱动的柱塞的运动决定。

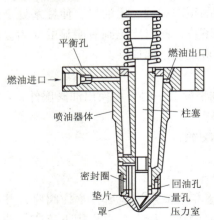

图 4-24　康明斯公司的喷油器

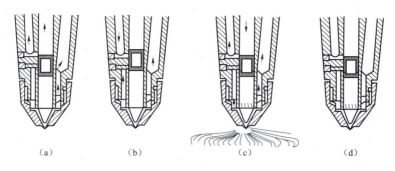

图 4-25 康明斯公司某型喷油器工作过程
(a) 上升行程；(b) 计量行程；(c) 喷雾行程；(d) 喷油结束

当汽缸活塞处于二分之一行程时，柱塞处于上升状态。在柱塞的上升行程中，从量孔开启，直至柱塞下降到量孔关闭为止的时间内，一直对燃油进行计量；当柱塞向下，压缩燃油，被加压了的燃油经过喷油孔喷入燃烧室内。

图 4-26 所示是通用汽车公司生产的凸轮驱动泵喷嘴，它采用柴油机凸轮驱动柱塞往复运动而供油，柱塞表面有进油斜槽，借以开启和关闭进油孔。控制齿杆和调节齿圈使柱塞转动，改变供油行程，控制喷油量，故供油和调节油量的原理与前述柱塞式喷油泵相同。

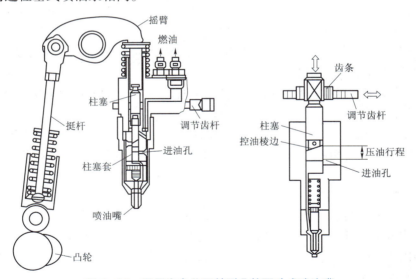

图 4-26 通用汽车公司某型凸轮驱动式喷油嘴

与柱塞式喷油泵相比，泵喷嘴的特点是：

① 由于没有高压油管，固定的高压容积很小，可以实现大约 150 MPa 的高压喷油。

② 降低颗粒排放。颗粒排放是由于燃油的喷雾粒子较大，只有油粒表面和

空气接触，空气不能进入油粒的内部，油粒内部的燃油在表面高温作用下而产生颗粒。采用高压喷射燃油，减小燃油雾粒是降低颗粒排放的基本技术之一。

③ 由于油路较短，从喷油泵供油到喷油嘴喷油之间的时间延迟随之变短，从而不容易产生像高压油管输油时，因高压油管内残余压力、反射波等压力波动所引起的异常喷射现象。

4.2.2.3 转子分配式喷油泵

转子分配式喷油泵又简称分配泵，它与柱塞式喷油泵相比，具有以下特点：

① 分配泵结构简单，零件数目特别是精密零件数目少、体积小、重量轻、成本低。

② 分配泵零件的通用性高，有利于产品系列化。

③ 能保证各缸供油均匀和供油时间一致，不需要调整分配泵单缸供油量和供油提前角。

④ 分配式喷油泵凸轮升程小，柱塞行程小，一般为 2.0~3.0 mm，同时喷油压力高，缩短了喷油时间，有利于提高转速。对于四冲程柴油机，其转速可达到 6 000 rpm。

⑤ 分配式喷油泵内部零件依靠泵内部的燃油进行润滑和冷却。整个喷油泵制成一个密封的整体，外面的灰尘杂质和水分不易进入。分配式喷油泵按结构不同，分为径向压缩式和轴向压缩式两种。由于径向压缩式分配泵存在一些缺点，因而没有得到广泛应用。目前现代轿车和轻型载货汽车车用柴油机多用轴向压缩式喷油泵，也称单柱塞分配泵或 VE 泵，由德国 Bosch（博世）公司研发。

（1）VE 分配泵的构造

VE 分配泵主要由滑片式输油泵、高压泵、驱动机构和断油电磁阀等组成，其结构如图 4-27 所示。

分配泵左端为传动轴及滑片式输油泵（也称二级输油泵）；中间有驱动齿轮、凸轮盘等；右端有柱塞套筒、电磁阀等；泵上部为调速器，下部为供油提前角调节器。

1）滑片式输油泵

滑片式输油泵的作用是把由膜片式输油泵（一级输油泵）从油箱吸出并经柴油滤清器过滤后的柴油适当增压后送入分配泵内，以保证分配泵必要的进油量，并用调压阀控制输油泵出口压力，同时柴油还在泵体内循环，达到润滑和冷却喷油泵的作用。

滑片式输油泵装在喷油泵前部，其转子与喷油泵通过半圆键连接，其结构如图 4-28 所示，主要由转子、滑片、传动轴、调压阀等组成。

转子在驱动作用下旋转，滑片装在转子上的滑片槽内，并且能够在槽内自由移动。转子中心与偏心环内孔中心偏移。转子旋转时，在离心力作用下，使滑片紧贴在偏孔壁，三者所形成的容积不断变化。当容积由小变大时为吸油腔；由

项目四 柴油机燃料供给系统的组成与检修

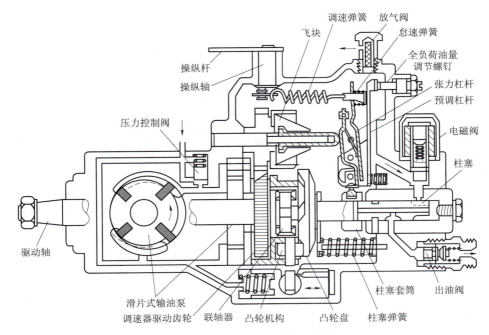

图 4-27 VE 分配泵结构示意图

大变小时为压油腔。吸油腔和进油口相通；压油腔和出油口相通。

滑片式输油泵旋转一周吸入并压送一定量的燃油，使燃油压力进一步提高，燃油进入喷油泵。当油压超过调压阀的规定压力时，多余的燃油经调压阀流回油箱。

2) 高压泵

高压泵的作用是实现进油、压油、配油。VE 分配泵的高压泵采用单柱塞式，由滚轮体总成、端面凸轮盘、柱塞回位弹簧、柱塞、柱塞套、油量控制套筒（溢流环）、出油阀等组成，如图 4-29 所示。

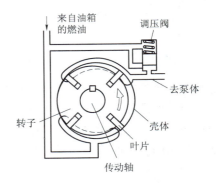

图 4-28 滑片式输油泵结构示意图

柱塞上沿周向分布有若干个进油槽（进油槽等于汽缸数）、一个中心油道、一个配油槽和一个泄油孔。配油槽通过径向油孔与中心油道相通，中心油道末端与泄油孔相连，如图 4-30 所示。

柱塞套筒上有一个进油道及若干分配油道和出油阀（分配油道和出油阀数目与汽缸数目相等）。

柱塞旋转中只要配油槽和任意一个分配油道相对，则中心油道中的高压油就可通过分配油道送到喷油器，实现配油作用。

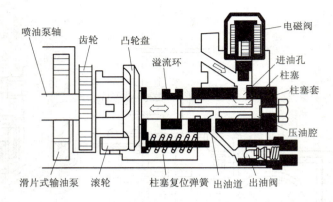

图 4-29 高压泵结构示意图

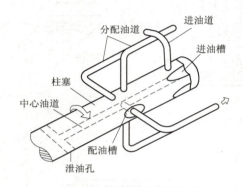

图 4-30 柱塞及高压泵油路

3）驱动机构

VE 分配泵所需动力由发动机经驱动轴输入泵中，从而带动滑片式输油泵、调速器驱动齿轮、联轴器总成及端面凸轮盘转动。端面凸轮上有传动销带动柱塞一起旋转。柱塞回位弹簧通过压板将柱塞压在端面凸轮的驱动柱塞面上，并且使端面凸轮与滚轮体总成的滚轮紧密接触。

滚轮总成空套在泵体和联轴器总成之间，在供油提前角自动调节机构活塞的作用下，通过拨动销才能够转动。

当端面凸轮在滚轮上滚动时，凸起部分与滚轮接触，从而推动柱塞向右运动；凹下部分与滚轮接触，则推动柱塞向左运动，周而复始，完成柱塞的往复运动。端面凸轮上凸峰的数目，与柴油机汽缸数相对应。

（2）VE 分配泵的工作原理

1）进油过程

如图 4-31 所示，当滚轮由凸轮盘的凸峰移到最低位置时，柱塞弹簧将柱塞由右向左推移，当柱塞接近终点位置时，柱塞头部的一个进油槽与柱塞套上的进油孔相通，柴油经电磁阀下部的油道流入柱塞右端的压油腔内并充满中心油道。

此时柱塞配油槽与分配油路隔绝，泄油孔被柱塞套封死。

2）压油与配油过程

如图 4-32 所示，随滚轮由凸轮盘的最低处向凸峰部分移动，柱塞在旋转的同时，也自左向右运动。此时，进油槽与泵体进油道隔绝，柱塞泄油孔仍被封死，柱塞配油槽与分配油路相通。随着柱塞的右移，柱塞压油腔内的柴油压力不

项目四 柴油机燃料供给系统的组成与检修

断升高,当油压升高到足以克服出油阀弹簧力而使出油阀右移开启时,则柴油经分配油路、出油阀及油管被送入喷油器。

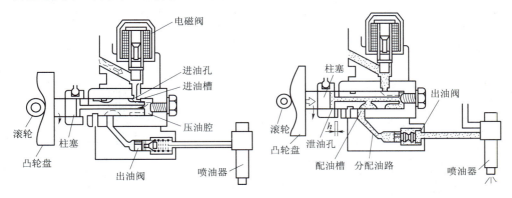

图 4-31 进油过程　　　　图 4-32 压油与配油过程

由于凸轮盘上有 4 个凸峰(与汽缸数相等),柱塞套上有分配油路,因此凸轮盘转一圈(360°),柱塞反复运动 4 次,配油槽与各缸分配油路各接通一次,轮流向各缸供油一次。

3) 供油结束

如图 4-33 所示,柱塞在凸轮盘推动下继续右移,柱塞左端的泄油孔露出油量控制滑套的右端面时,泄油孔与分配泵内腔相通,高压油立即经泄油孔流入泵内腔中,柱塞压油腔、中心油道及分配油路中油压骤然下降,出油阀在其弹簧作用下迅速左移关闭,从而停止向喷油器供油。

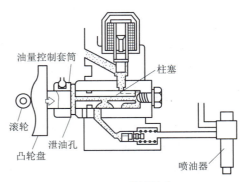

图 4-33 供油结束

停止喷油过程持续到柱塞到达其向右行程的终点。

4) 供油量控制

从柱塞上的配油槽与出油孔相通时刻起,至泄油孔与分配泵内腔相通止,柱塞所走过的距离为有效供油行程。

柱塞上的泄油孔什么时候和泵室相通,靠控制套筒(油量控制滑套)的位置控制,当移动控制套筒时,柱塞上的泄油孔与分配泵内腔相通的时刻改变,即结束供油的时刻改变,从而使供油有效行程改变。当控制套筒向左移动时,供油行程缩短,结束供油时刻提早,供油量减少;若控制套筒向右移动,则相反。可见,这种分配泵油量的调节是靠驾驶员通过加速踏板控制调速器,来使控制套筒轴向移动而实现的。

5）柴油机停车

如图4-34所示，当需要柴油机停车时，可转动控制电磁阀的旋钮，使电路触点断开，线圈对进油阀的吸力消失，在进油阀弹簧的作用下，进油阀下移，使泵体进油道关闭，从而停止供油，柴油机熄火。

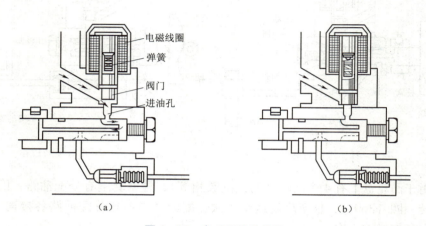

图4-34　电磁阀停油装置
（a）进油道开启；（b）进油道关闭

当启动柴油机时，先将电磁阀的触点接通，进油阀在线圈的吸力下克服弹簧力上移，泵体进油道打开，供油开始。

4.2.3　调速器

车用柴油机工作时负荷经常变化，调速器的功用是根据柴油机负荷的变化，自动调节喷油泵的供油量，以保证柴油机在各缸工况下稳定运转。

喷油泵每一循环供油量主要取决于柱塞的有效行程，理论上说，当喷油泵调节拉杆的位置一定时，每一循环供油量应不变，但实际上，供油量还会受到柴油机转速的影响。当柴油机转速增加，从而喷油泵柱塞移动速度增加时，柱塞套上油孔的节流作用随之增大，于是在柱塞上移时，即使柱塞尚未完全封闭油孔，由于燃油一时来不及从油孔挤出，泵腔内油压也会增加而使供油时刻略有提前；同样道理，在柱塞上移到其斜槽已经与油孔接通时，泵腔内油压一时还来不及下降，从而使供油停止时刻略微延后。这样，随着柴油机转速增大，柱塞的有效行程将略有增加，而供油量也略微增大；反之，供油量便略微减少。供油量随转速变化的关系称为喷油泵的速度特性，如图4-35所示。

喷油泵的速度特性对工况多变的车用柴油机是非常不利的。例如，满载汽车从上坡行驶刚刚过渡到下坡行驶时，柴油机突然卸荷，柴油机转速迅速上升，这时喷油泵在上述速度特性的作用下，会自动将供油量增大，从而促使柴

项目四 柴油机燃料供给系统的组成与检修

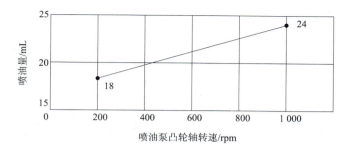

图 4-35　Ⅱ号喷油泵的速度特性

油机转速进一步升高，如得不到有效控制，可能会导致柴油机转速超过标定的最大转速，而出现"飞车"现象。此外，车用柴油机还经常在怠速工况下工作（如短暂停车、起动机等），即使柱塞保持在最小供油量位置不变，当负荷略有增大时，也会使柴油机转速略有降低。此时，由于喷油泵速度特性的作用，其供油量会自动减少，从而使柴油机转速进一步降低。如此循环作用，最后将使柴油机熄火。

由上述可见，由于喷油泵速度特性的作用，使柴油机转速的稳定性变差，特别是在高速和怠速时，根本无法满足正常工作要求。要使柴油机运转稳定，就必须在其阻力发生变化时，及时按实际需要改变供油量，同时修正由于喷油泵速度特性带来的不良影响，因此车用柴油机喷油泵都装有调速器。根据柴油机负荷的变化，通过调速器，喷油泵可自动调节供油量，以达到稳定怠速、限制超速，并保证柴油机在工作转速范围内任一选定的转速下稳定工作。

4.2.3.1　柱塞式喷油泵调速器

目前，车用柴油机柱塞式喷油泵上应用最广泛的是机械离心式调速器，按其调节作用的范围不同，可分为两速调速器和全速调速器。

（1）离心式调速器的工作原理

简单的离心式调速器由飞锤、滑套、调速弹簧和调速杠杆等组成，如图 4-36 所示。

柴油机在工作时，通过曲轴驱动装在喷油泵凸轮轴后端上的飞锤旋转，飞锤受离心力的作用而向外飞开。此离心力产生的推力 F_A 和调速弹簧的张力 F_B 在其一转速下相平衡，而使调速器和喷油泵保持在一定的位置下工作。

当柴油机的负荷（M_Q）变化时，便引起一系列的变化，即柴油机转速变化——调速器转速变化——飞锤离心力及其产生的推力 F_A 变化——F_A 与 F_B 失去平衡——调速杠杆摆动——供油拉杆移动——供油量变化——柴油机的转矩（M_e）曲线上升或下降与变化了的负荷（M_Q）重新平衡，而稳定到接近原来的转速。于是起到了负荷变化时，柴油机保持稳定运转的作用，这就是机械离心式调速器的基本原理。

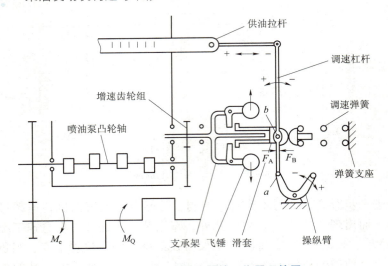

图 4-36 离心式调速器的工作原理简图

a—自动调节的支承点；b—人工调节的支点；F_A—离心推力；F_B—调速弹簧张力

① $M_e = M_Q$ 时，柴油机平衡，稳定运转；$F_A = F_B$，调速器平衡，维持供油量。

② $M_e < M_Q$ 时，柴油机失去平衡，转速降低；$F_A < F_B$，调速器失去平衡；自动加油，又获得新的平衡。

③ $M_e > M_Q$ 时，转速升高；$F_A > F_B$，自动减油，又获得新的平衡。

这样，柴油、喷油泵、调速器、喷油器就组成了一个封闭的自动调节系统。当负荷和转速改变时，柴油机的平衡状态遭到破坏，信息传给飞锤，立即发生反馈作用，使供油量改变。同样，踏板上的信息输入调速器后（如改变调速弹簧的预紧力），破坏了调速器的平衡状态，马上反馈到柴油机中，使柴油机的转速按选定的转速运转。

（2）两速式调速器

两速式调速器不仅能保证柴油机在怠速时不低于某一转速，从而防止柴油机自动熄火，而且能够限制柴油机不超过某一转速，从而防止柴油机超速。柴油机处于中间转速时，调速器不起作用，此时柴油机的工作转速由驾驶员通过操纵喷油泵油量调节机构来调整。

图 4-37 所示为 CA1091K3 型载货汽车柴油机所用的 RAD 型两速调速器，其调速原理结构示意图如图 4-38 所示。

调速器用螺钉与喷油泵泵体连接。两个飞块装在喷油泵凸轮轴上，当飞块向外张开时，飞块臂上的滚轮推动滑套沿轴向移动。导动杠杆的上端铰接于调速器壳上，下端紧靠在滑套上，其中部则与浮动杠杆铰接。浮动杠杆上部通过连杆与供油调节齿杆相连，起动弹簧装在浮动杠杆顶部，另一臂则由驾驶员通过加速踏板杆系操纵。速度调定杠杆、拉力杠杆和导动杠杆的上端均支承于调速器壳上的

项目四 柴油机燃料供给系统的组成与检修

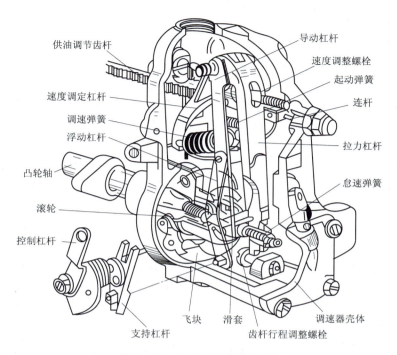

图 4-37 RAD 型两速调速器

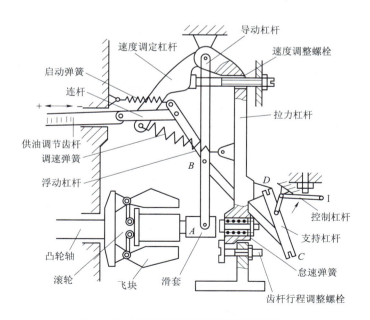

图 4-38 RAD 型两速调速器结构示意图

轴销上。用速度调整螺栓顶住速度调定杠杆，使装在拉力杠杆与速度调定杠杆之间的调速弹簧保持拉伸状态，因此在所有中间转速范围内，拉力杠杆始终靠在齿杆行程调整螺栓的头部。在拉力杠杆的中下部位置上有一个轴销，它插在支持杠杆上端的凹槽内。怠速弹簧装在拉力杠杆的下部，用于控制怠速。

两速调速器的工作原理如下：

① 起动加浓。启动前，将控制杠杆推至全负荷供油位置Ⅰ，如图 4-38 所示。受调速弹簧的拉动及齿杆行程调整螺栓的限制，拉力杠杆的位置保持不动。此时，支持杠杆绕 D 点向逆时针方向转动，浮动杠杆的上端通过连杆推动供油调节齿杆向供油增加的方向移动。同时，起动弹簧也对浮动杠杆作用一个向左的拉力，使其绕 C 点做逆时针方向的偏转，带动 B 点和 A 点进一步向左移动，结果滑套通过滚轮飞块收缩至处于向心极限位置为止，从而保证供油调节齿杆进入最大供油量位置，即起动加浓位置。此时的供油量为全负荷额定供油量的 150% 左右。

② 稳定怠速。柴油机启动后，将控制杠杆拉到怠速位置Ⅱ（如图 4-39 所示），柴油机便进入怠速工况。此时，作用在滑套上的力有 3 个：飞块的离心力、怠速弹簧的作用力及起动弹簧的作用力。当飞块离心力与怠速弹簧和起动弹簧的合力相平衡时，滑套便处于某一位置不动，亦即供油调节齿杆处于某一供油位置不动，柴油机就在某一相应的转速下稳定运转。若柴油机转速降低，飞块离心力减小，当与怠速弹簧的合力相平衡时，滑套便处于某一位置不动，亦即供油调节齿杆处于某一位置不动，柴油机就在某一相应的转速下稳定运转。若柴油机转速

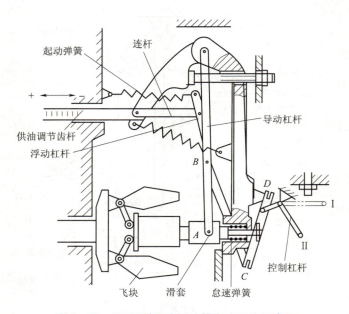

图 4-39　RAD 型两速调速器怠速工作示意图

降低,飞块离心力减小,在怠速弹簧及起动弹簧的作用下,滑套将向左移动,使导动杠杆绕上端支承点顺时针方向偏转,从而带动浮动杠杆绕 C 点逆时针方向转动,使供油调节齿杆向供油量增加的方向移动,进而柴油机转速升高。柴油机转速升高时,飞块离心力随之增大,使滑套向右移动,进一步压缩怠速弹簧,同时带动导动杠杆绕其上端支点逆时针方向偏转,从而使浮动杠杆绕 C 点顺时针方向转动,结果使供油调节齿杆向供油量减少的方向移动,柴油机转速随之降低,因而起到了稳定怠速的作用。

③ 正常工作时的油量调节。柴油机转速在怠速和额定转速之间,此时调速器不起作用,供油量的调节由驾驶员人为控制。

当柴油机转速超过怠速转速时,怠速弹簧被完全压入到拉力杠杆内,滑套直接与拉力杠杆的端面接触(如图 4-40 所示),此时怠速弹簧不起作用。由于拉力杠杆被很强的调速弹簧拉住,在柴油机转速低于额定转速时,作用在滑套上的飞块离心力不能推动拉力杠杆,因而导动杠杆的位置保持不动,即 B 点位置不会移动。若控制杠杆位置一定,则浮动杠杆的位置保持不动,即供油量不会改变。若此时需要改变供油量,驾驶员需改变控制杠杆的位置才能实现。由此可见,在全部中间转速范围内,调速器不起作用,供油量的调节由人工控制。

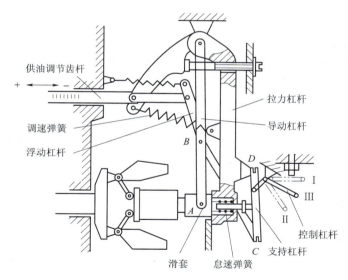

图 4-40 RAD 型两速调速器正常工况工作示意图

④ 限制超速。如图 4-41 所示,柴油机转速超过额定转速时,飞块离心力就能克服调速弹簧的拉力,滑套推动拉力杠杆并带动导动杠杆绕其上支点向右偏转,使 B 点移动到 B' 点,D 点移动到 D' 点,在拉力杠杆的带动下,支持杠杆绕其中间支点顺时针方向偏转,使 C 点移动到 C' 点;而由 B' 和 C' 点决定了浮动杠

杆也发生了顺时针方向的偏转，带动供油调节齿杆向供油减少的方向移动，从而限制柴油机转速不超过额定的工作转速。利用速度调整螺栓改变调速弹簧的预紧力，就可以调节调速器所能限定的柴油机最高转速。

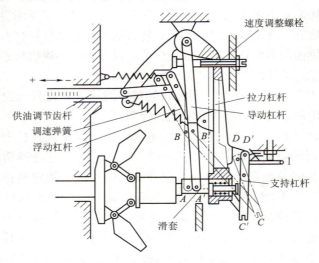

图 4-41　RAD 型两速调速器限制超速工作示意图

（3）全速式调速器

全速式调速器不仅能保持柴油机的最低稳定转速，限制其最高转速，而且能根据负荷的大小，保持和调节柴油机在任一选定的转速下稳定工作。

图 4-42 所示为国产 A 型喷油泵上采用的 RSV 型全速调速器，与 RAD 型两速调速器基本相同，但为了实现柴油机工作转速范围内的全速调节控制，因而增设了以下结构：

① 在拉力杠杆的下端设转矩校正加浓装置，该装置由校正弹簧和转矩校正器顶杆组成，目的是在超负荷时使用。

② 采用了弹力可调的调速弹簧，而没有专门的怠速弹簧，但在拉力杠杆的中部增设怠速稳定弹簧，目的是使发动机怠速时运转平稳。

③ 调速弹簧的弹簧摇臂上装有调整螺钉，它可以调整调速弹簧安装时预紧力的大小。

④ 在拉力杠杆的下端，增设可调的全负荷供油限位螺钉，以限制拉力杠杆的全负荷位置。在拉力杠杆的上方后面壳体上，装有怠速调整螺钉，用来调整怠速的高低，并限制弹簧摇臂向低速摆动的位置。

全速调速器的工作原理如下：

① 起动加浓。如图 4-43 所示，启动前，起动弹簧的预紧力通过浮动杠杆、导动杠杆和调速套筒使飞块处于向心极限位置。

启动时，驾驶员将加速踏板踩到底，使操纵杆接触高速限位螺钉而置于起动

项目四 柴油机燃料供给系统的组成与检修

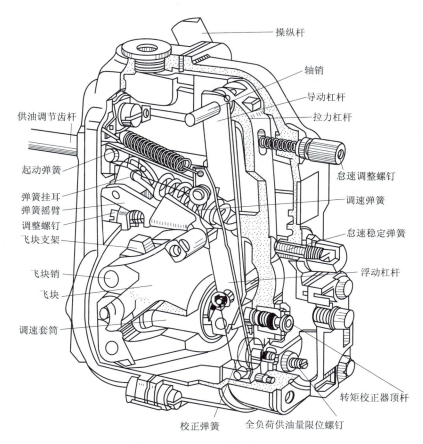

图 4-42 RSV 型全速调速器

加浓位置 A,浮动杠杆把供油调节齿杆向左推至启动供油位置,从而使柴油机顺利启动。

② 怠速工况。如图 4-44 所示,柴油机启动后,驾驶员松开加速踏板,操纵杆转至怠速位置。此时,调速弹簧处于放松状态。飞块的离心力通过调速套筒推动导动杠杆向右偏转,并带动浮动杠杆以下端为支点顺时针方向摆动,克服起动弹簧的推力,将供油调节齿杆拉到怠速位置。同时,调速套筒通过校正弹簧使拉力杠杆向右摆动,其背部与怠速稳定弹簧相接触。怠速的稳定平衡作用由调速弹簧、怠速稳定弹簧和起动弹簧共同来保持。

若怠速时转速升高,飞块的离心力加大,则怠速稳定弹簧受到更大的压缩,浮动杠杆带动供油调节齿杆向减少供油的方向移动,限制了柴油机转速上升;若怠速时转速降低,怠速稳定弹簧推动拉力杠杆向左摆动,通过调速套筒、导动杠杆和浮动杠杆使供油调节齿杆向增加供油的方向移动,从而使柴油机转速稳定在设定怠速值。

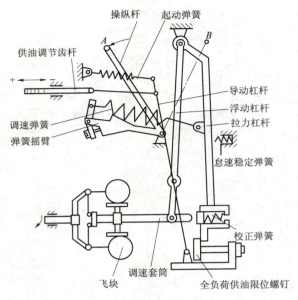

图4-43 RSV型全速调速器启动工况工作示意图

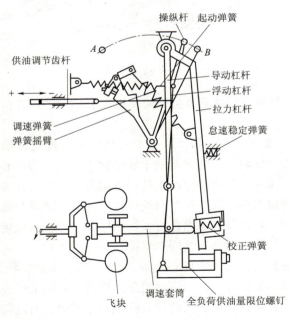

图4-44 RSV型调速器怠速工况工作示意图

③ 额定工况。如图 4-45 所示，当驾驶员将加速踏板踩到底，使操纵处于极限位置 A 时，调速弹簧达到最大拉伸状态，此时拉力最大。张紧的调速弹簧将拉力杠杆拉靠在全负荷供油量限位螺钉上，并通过调速套筒、导动杠杆和浮动杠杆将供油调节齿杆推至全负荷供油位置，亦即柴油机在额定工况下工作。此时，飞块的离心力与调速弹簧的作用力平衡。

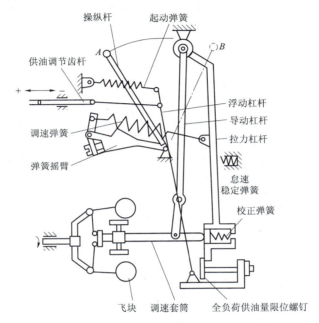

图 4-45 RSV 型调速器额定工况工作示意图

当负荷减小、转速升高时，飞块离心力增大，调速套筒推动拉力杠杆向右摆动，同时通过导动杠杆、浮动杠杆使供油调节齿杆向供油减少的方向移动，而使柴油机转速不再升高，从而限制了柴油机的最高空转转速。

④ 一般工况。当驾驶员将操纵杆置于怠速与额定工况之间的任一位置时，柴油机便在相应的某一转速下稳定运转。此时，拉力杠杆还没有触及全负荷供油限位螺钉。当柴油机转速改变时，飞块离心力与调速弹簧作用力的平衡被破坏，调速套筒产生轴向位移，并通过导动杠杆、浮动杠杆带动供油调节齿杆轴向移动，从而自动减少或增加供油量，以维持柴油机在给定的某一转速下稳定运转。

⑤ 转矩校正工况。柴油机在额定工况工作时，供油调节齿杆位于全负荷供油位置，如图 4-45 所示。当外界阻力增加，柴油机转速低于额定转速时，调速弹簧拉力大于飞块的离心力，从而使得拉力杠杆接触全负荷供油限位螺钉，调速器不起作用。此时，由于飞块离心力减小，被压缩的校正弹簧开始伸张，将调速套筒向左推移，带动导动杠杆和浮动杠杆向左偏摆，将供油调节齿杆向供油量增加的方向移动，使得柴油机的输出转矩增加，同时也限制了转速的进一步降低；

反之，柴油机输出转矩降低，并限制转矩的进一步升高。当转速升到额定转速时，校正弹簧被压缩到极限位置，校正作用结束。转速超过额定转速时，飞块的离心力大于调速弹簧的作用力，调速套筒直接接触拉力杠杆，使拉力杠杆向右摆动，调速器开始起作用，即限制最高转速。由此可见，转速校正装置只是在转速低于额定转速时的一定范围内起作用。

⑥ 停油工况。需要停车时，驾驶员将调速器操纵转至最右边的停车位置 B（如图 4-45 所示），而使供油调节齿杆右移至停油位置，使喷油泵停止供油，柴油机熄火停车。

4.2.3.2 VE 泵调速器

VE 泵机械离心式调速器的工作原理如图 4-46 所示。旋转时，飞锤张开，进而推动滑套抵在杠杆的中部，而杠杆的上端被弹簧拉着。如果弹簧力小于飞锤离心力，则杠杆绕支点顺时针转动，带动控制套左移，从而油量减小，柴油机转速随即下降，飞锤离心力也变小，直至弹簧力与飞锤离心力平衡，此时，杠杆及控制套就稳定在某一位置，油量就稳定在某个量，柴油机就稳定在某一转速。如果弹簧的参数不同，那么柴油机得到的稳定转速也就不同，因此可改变弹簧参数来使柴油机稳定在所期望的转速。

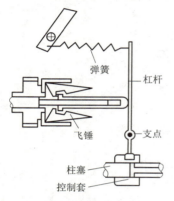

图 4-46 VE 泵调速器的工作原理图

VE 泵调速器也有全速式调速器和两速式调速器两种。两种调速器的主要不同点在于：两速调速器的调速弹簧和负荷弹簧安装在弹簧框架内部，而全速式调速器的调速弹簧仅是一个可以自由伸缩的单个弹簧。以下介绍 VE 泵全速调速器。

（1）VE 泵全速调速器的结构

VE 泵机械离心式全速调速器结构如图 4-47 所示。导杆可绕 C 点转动，通过支持销（即图中支点 A）把张紧杆、支承杆与导杆连在一起，使张紧杆和支承杆绕支持销转动。油量控制套筒上有凹槽，在支承杆的下端固装一个球头销，并嵌入到油量控制套筒的凹槽内。

飞块在飞块架内，飞块架与增速齿轮压固一起。柴油机工作时，动力经传动轴驱动齿轮、增速齿轮带动飞块架与飞块旋转。靠飞块旋转产生的离心力推动调速器滑套移动，从而通过支承杆下端的球头销拨动供油套筒轴向移动，实现循环供油量的增减，以适应柴油机工作的需要。与控制杆固装在一起的控制杆轴的下端，偏心安装一个轴销，调速弹簧左端挂在偏心轴销的连接板上，其右端挂入带有缓冲弹簧且穿过张紧杆的销轴上。在调速弹簧的弹力作用下，使张紧杆绕支点 A 逆时针转动，推动油量控制套筒右移，使循环供油量增加；反之，循环供油量减小。

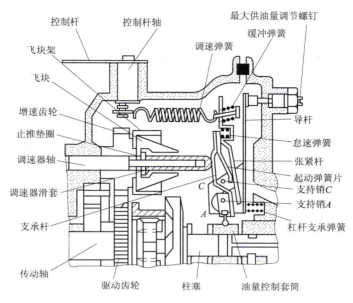

图 4-47 VE 泵机械离心式全速调速器结构图

最大供油量的调节是通过最大供油量调节螺钉、导杆和杠杆支承弹簧来完成的。

（2）VE 泵全速调速器的工作原理

① 启动工况。如图 4-48 所示，当柴油机处于静止状态时，飞块完全闭合。

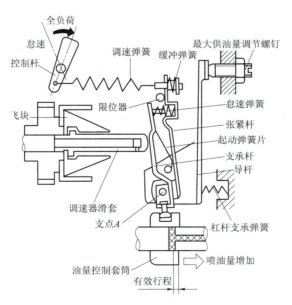

图 4-48 VE 泵全速调速器启动工况工作示意图

启动前将控制杆推到全负荷供油位置。此时，调速弹簧被拉伸，从而拉动张紧杆绕A点逆时针转动，直到其上部碰到限位器；与此同时，支承杆通过其下端的球头销一方面拨动油量控制套筒右移至极限位置（起动加浓位置），另一方面在起动弹簧片的作用下推动调速器滑套至左极限位置。上述过程为起动加浓准备了条件。

② 怠速工况。如图4-49所示，当柴油机启动后，将控制杆推至怠速位置。在此位置，调速弹簧的弹力几乎为零。此时，飞块的离心力推动调速器滑套向右移动，使支承杆绕A点顺时针转动，压缩起动弹簧片、怠速弹簧、缓冲弹簧，并使油量控制套筒左移，直到作用在调速器滑套上的飞块的离心力与起动弹簧片、怠速弹簧、缓冲弹簧所形成的弹力相平衡，油量控制套便固定在某一位置不动，柴油机就在相应的某一怠速下稳定运转。

若在怠速运转过程中因某原因转速降低，则飞块的离心力随之减小，致使调速器滑套左移，油量控制套筒右移，有效行程增大，循环供油量随即增加，从而柴油机转速回升到新的平衡状态；反之，若转速升高，飞块的离心力将增大，继而推动调速器套筒右移，使支承杠杆和张紧杆绕支点顺时针转动，进而使得油量控制套筒左移，循环供油量随即减少，致使柴油机转速下降。

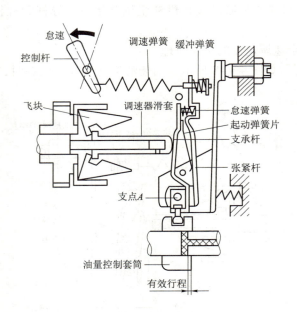

图4-49　VE泵全速调速器怠速工况工作示意图

③ 全负荷工况。如图4-50所示，当控制杆由怠速位置向全负荷位置转动时，使调速弹簧拉伸，缓冲弹簧、怠速弹簧被压缩，并使张紧杆的支点B压到支承杆上，并绕A点逆时针转动，使油量控制套筒右移，继而循环供油量增大，柴

油机转速随即增高。此时控制杆每变换一个位置,调速弹簧都会相应有一个拉力。柴油机转速升高,飞块的离心力会增大,当作用在调速器滑套上的力与调速器弹簧拉力平衡时,油量控制滑套就稳定在某一位置上,循环供油量保持一定,柴油机随之稳定在该对应转速工况,即中间负荷工况。

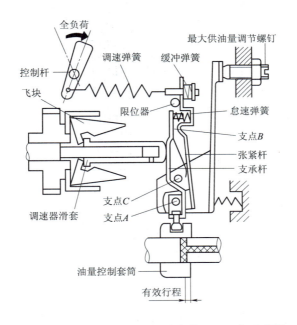

图 4-50　VE 泵全速调速器全负荷工况工作示意图

当将控制杆推到全负荷位置时,张紧杆接触到限位器,缓冲弹簧被完全压缩。由于张紧杆和支承杆继续绕 A 点转动,油量控制套筒右移,直到最大循环供油量位置。当柴油机处于全负荷工况时,作用在调速器滑套上的飞块离心力的分力与调速弹簧的弹力相平衡,柴油机稳定在该工况下运转;若不符合则可通过最大供油量调节螺钉的调节来实现。在全负荷工况下,飞块没有和飞块架接触,仍留有继续张开的余地。

④ 最高转速工况。如图 4-51 所示,当控制杆在全负荷位置时,随着负荷的减小,柴油机转速上升,使飞块的离心力作用于调速器滑套上的力大于调速弹簧的弹力,则张紧杆与支承杆绕 A 点顺时针转动,使循环供油量减小,柴油机转速便稳定在相应的工况下,直到外界负荷为零,通过调节循环供油量,使之保持最高稳定转速。

当柴油机转速超过允许的最高转速时,飞块向外张开抵靠到飞块架的内表面上,此时推动调速器滑套右移,使循环供油量减小,从而控制柴油机最高转速不超过规定数值。

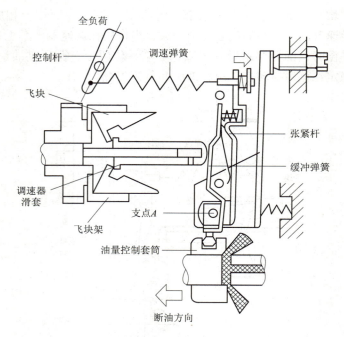

图 4-51　VE 泵全速调速器最高空转转速工况工作示意图

4.2.3.3　调速器常见故障

以 RSV 型全速式调速器为例。这种调速器属于飞块式，通常与 A 型喷油泵匹配，它的速度感应件为飞块，其有效的刚度可变的调速弹簧使得调速器在高速和怠速时有较小的调速率。其传动机构能够自动补偿各铰结点的间隙。飞块式调速器属于直接作用式，工作中飞块、拉力杆、滑套等零件受力较大，磨损较快。飞块的磨损对调速器性能有较大的影响。另外，调速弹簧的摆角决定调速弹簧的有效刚度，调速不当会使调速弹簧的特性曲线斜率发生较大的变化，调速器会出现调速不稳定现象而失去调速功能。

（1）调速不稳

飞块式调速器调速不稳的原因包括以下几项：

① 调速弹簧预紧力不适当。当调速弹簧的预紧力不同时，柴油机的调速率将随之改变。若增大预紧力，调速弹簧的有效刚度则相应减小，调速率随之增大；反之，调速率减小。调速弹簧的预紧力通过摆臂上的螺钉进行调整。

② 飞块磨损。飞块的常见磨损主要发生在销孔和飞块短臂。飞块短臂的推脚因磨损使其长度缩短。工作过程中飞块的张角变大，将导致调速器起作用转速降低，致使调速率增大。

③ 起动弹簧脱落或折断。飞块式调速器的起动弹簧调速杠杆的上端拉向加油方向，一旦调速器各铰接点有间隙，该弹簧能够克服间隙来保持调速稳定；但

当它折断或脱落时，将会造成调速器调速不稳。

④ 机油过多、黏度过大或调速器内部不清洁。机油过多、过脏，以及黏度过大均影响飞块、滑套的正常运动，会使阻力增加，导致调速器调速率增大。

⑤ 供油齿杆行程调整不当。飞块式调速器供油拉杆的行程通过全负荷供油限止螺钉进行调整。该螺钉的位置决定了飞块高速起作用点的张开角，当拧紧螺钉时，供油拉杆行程将随之增大；反之，供油拉杆行程会随之减小。

⑥ 怠速稳定螺钉调整不当造成怠速不稳。该螺钉与调速弹簧联合控制调速怠速，当发现调速器调速不稳时，应将喷油泵拆下进行检查和调试。检查时，先检查起动弹簧连接是否可靠，工作是否良好；然后检查后盖内部各机件的铰点是否松旷，检查飞块的磨损程度以及滑套的轴向间隙；最后在试验台上对调速器部分进行调试，对供油拉杆行程、调速器起作用转速、怠速稳速调整螺钉进行检查，使之符合规定。

（2）调速器异响

飞块式调速器磨损后，运动件的干涉与摩擦会产生异响。主要的异响原因有：

① 飞块扫膛。若飞块推脚及各铰点磨损过度，则会造成飞块张角过大而碰到调速器壳，致使出现扫膛现象。

② 滑套轴承损坏。有些飞块式调速器用滚动轴承作支承滑套，该处轴承损坏后会引起调速器异响。

4.2.3.4 调速器的检修

（1）调速弹簧的检修

若调速器弹簧出现扭曲、裂纹、弹力减弱及折断等，则应更换新件。

（2）飞块支架及铰链连接部位的检修

对采用飞块结构的调速器，应保证飞块、支架及销轴三者的配合间隙。如果飞块支承孔和飞块推脚磨损严重，则会使飞块实际摆动中心向内偏移，使得飞块推脚半径缩短。在发动机转速一定的情况下，调速套筒的位移量比未磨损前的要小，从而影响调速器的调速特性。若上述三者的配合达不到技术条件的要求，可通过铰削飞块销轴孔，换上加粗的销轴来解决。

（3）调速套筒的检修

在调速弹簧为拉力弹簧的调速器中，其调速套筒环槽与浮动杠杆横销将产生磨损，当配合间隙超过规定时，可将浮动杠杆上的横销和调速套筒一起拆下，然后转动90°再装上，这样可以减小配合间隙。

调速器套筒的内孔磨损后，应更换新衬套。修理后，调速套筒在轴上应运动自如，无卡滞现象。调速套筒端面的推力轴承，应视情况更换。

调速器各操纵连接部位应连接可靠，运动灵活，配合间隙符合规定，在操纵臂位置不变动的情况下，供油拉杆或齿杆的轴向位置游动量应在 $0.5 \sim 1.00$ mm。

4.2.4 输油泵

输油泵的作用是保证喷油泵输送一定压力和足够数量的柴油。它不仅克服低压管路及柴油滤清器的阻力,还要维持一定的供油压力,以避免柴油中残存的微量空气的不良影响。输油泵的供油量可以达到发动机全负荷需要量的3~4倍,除了供喷油外,大部分柴油经喷油泵或柴油滤清器回油口上设置的溢流阀流回燃油箱。

4.2.4.1 输油泵的结构

输油泵的结构形式很多,常见的有活塞式、转子式、滑片式、齿轮式。活塞式输油泵工作可靠,应用广泛。

活塞式输油泵安装在喷油泵前侧面上,主要由机械泵总成和手油泵总成组成,其基本结构如图4-52所示。机械泵总成包括滚动部件(包括滚轮、滚轮销

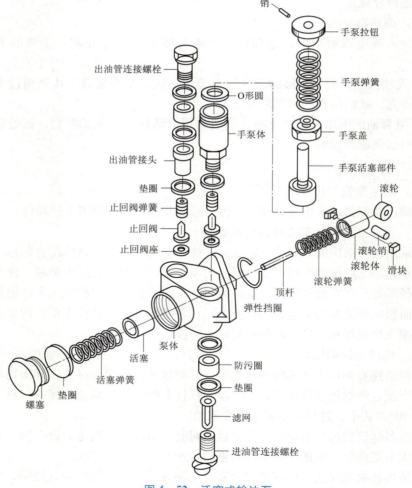

图4-52 活塞式输油泵

和滚轮体、滚轮弹簧)、顶杆、活塞、活塞弹簧等,由喷油泵凸轮轴上的偏心轮通过滚轮部件推动顶杆和活塞向下运动,活塞弹簧推动活塞回位,这样实现活塞的反复运动。在进油和出油侧分别装有止回阀,以控制进油口、出油口和活塞室的开闭。

4.2.4.2　输油泵的工作原理

输油泵的工作原理如图4-53所示。

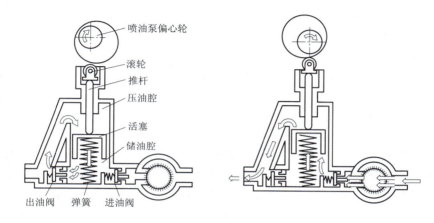

图4-53　输油泵的工作原理图

(1) 准备过程

当喷油泵凸轮轴上的偏心轮推动顶杆和活塞下移时,下泵腔中的油压升高,进油阀关闭,出油阀开启,同时上泵腔中容积增大,产生真空度,于是柴油自下泵腔经出油阀流入上泵腔。

(2) 进油和压油过程

喷油泵凸轮轴上偏心轮的凸起部分转到上方时,活塞被弹簧推动上移,使活塞下方泵腔容积增大,油压降低,产生真空度,致使进油阀开启,柴油便从进油管接头经油道吸入活塞下泵腔。与此同时,活塞上方泵腔容积减小,油压增高,出油阀关闭,上泵腔中的柴油从出油管接头上的孔道被压出,最后被送入喷油泵。

如此反复,柴油便不断地被送入柴油滤清器,最后被送入喷油泵。

(3) 供油量的自动调节

如果柴油机负荷减小,输送燃油过剩很多,则会使输油泵出油口和上泵腔压力增加,至使在活塞背面的压力增大,当此压力和活塞弹簧弹力相平衡时,活塞停留在某一位置,不能回到上止点,这样活塞的有效行程减小,输油泵的供油量自动减小,即实现了输油量和输油压力的自动调节。

(4) 手油泵

手油泵由泵体、活塞、手柄和弹簧等组成。当柴油机长时间停止工作后,或低压油路中有空气时，可利用手油泵输油或放气。

使用手油泵手动输油时，应先将柴油滤清器或喷油泵的放气螺钉拧开，再将手油泵的手柄旋开，然后往复推拉手油泵的活塞。当活塞上行时，会将柴油经进油阀吸入手油泵泵腔；活塞下行时，进油阀关闭，柴油从手油泵泵腔经出油阀流出，并充满柴油滤清器和喷油泵低压油路，并将其中的空气消除干净，因而从出油口流出的柴油中应没有气泡。手油泵输油排气完成后，应拧紧放气螺钉，旋紧手油泵手柄。

4.2.4.3　输油泵常见故障

输油泵工作不正常将导致柴油机动力不足、启动困难、自行熄火等故障。输油泵工作中常见的故障有供油能力下降、输油泵密封不严、手油泵工作不良等。

（1）供油能力下降

输油泵供油能力下降的主要表现为柴油机启动困难、功率下降。

打开喷油泵或燃油滤清器的放气螺钉，用起动机带动曲轴旋转，如放气螺钉处来油不畅则称之为供油能力下降。其主要原因是：输油泵活塞弹簧弹力不足或弹簧折断；弹簧座磨损；活塞与泵体座孔的配合间隙过大；活塞运动不灵活；进、出油阀密封不严；推杆与壳体之间的密封圈损坏；进油口滤网堵塞等原因。

输油泵供油能力的检查通常是在试验台上进行的，检查后发现输油泵供油能力下降时，应按下述步骤和方法检查故障原因：

① 首先将输油泵的供油情况与手油泵进行比较。在输油泵进油接头滤网正常情况下，如果用手油泵供油正常，则说明进、出油阀密封良好。此时，应主要检查输油泵活塞弹簧及活塞与座孔的配合间隙（不大于 0.05 mm 为正常）；弹簧应无锈蚀，无裂纹，弹力适宜；由正常磨损引起的失效，在没有零件可供更换而又难于修复时，一般应更换总成。

② 如果用手油泵供油不正常，则应首先检查进、出油阀的密封情况，必要时应研磨阀门或进行更换。如果是输油泵推杆与泵体之间的密封圈损坏造成漏油而引起供油能力下降，则这个故障必伴有喷油泵内机油油平面升高或柴油油平面升高（在强制润滑的喷油泵上，喷油泵油池与柴油机润滑系统相通）。

③ 就车检查放气螺钉处油流不畅时，这可能是由于柴油机燃油系统中的回流阀（或限压阀）损坏引起的。回流阀损坏后喷油泵低压油路的油压建立不起来，就车检查放气处的油流必然较弱，导致很难排气。

（2）输油泵漏油、漏气

输油泵的进油口、出油口、手油泵、推杆等部位往往会因垫片损坏、松动、密封圈损坏等原因而出现漏油或漏气现象。

输油泵漏油、漏气可以通过密封性试验来检查。

（3）手油泵工作不良

手油泵常见故障是因活塞与泵体孔之间磨损而漏油、漏气；进、出油阀不密封；手油泵使用后没有及时将手柄收紧等原因。

判断手油泵性能的方法是：在输油泵进油口接一根内径为 $\phi 8$ 的油管，先将管内的空气排净，再将油管的一端插在油平面较输油泵低 1 m 的油池内，然后每分钟用 120 次的速度拉压手柄，要求在 1 min 内吸上燃油；否则，应更换损坏的零部件或总成。

4.2.4.4 输油泵的检修

当发现输油泵有故障后，就车不能解决时，应拆下检查并维修。

输油泵解体后，检查进出油阀和阀座磨损情况。如有破裂或严重磨损，应予以更换；如磨损轻微，则可研磨修复。

输油泵活塞与壳体由于磨损出现配合松旷和运动不平稳时，应更换新泵。

输油泵装复后，要进行性能试验。

（1）密封性试验

如图 4-54 所示，将输油泵的出油口堵死，从进油口通入 200 kPa 的压缩空气，然后将整个输油泵浸入油中，收集溢出的气泡。要求在 1 min 内漏气量不大于 7 mL。若从进油口冒气泡，说明进油阀密封不严；若从推杆处冒气泡，说明活塞与泵体密封不严。

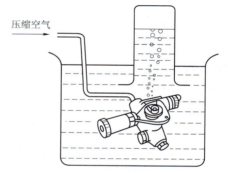

图 4-54 输油泵密封性试验

① 检查进、出油阀密封性。如图 4-55 所示，用左手指按住出油口，用右手上下拉动手柄，手指能感觉到脉动压迫感，当放松手柄时，手柄能自动弹起，说明进油阀密封良好；拧下进油管接头，用手指按住进油口，上下拉动输油泵手柄，手指能感觉到脉动的吸力，当放松手柄时，手柄能自动吸回去，说明出油阀密封性良好。

② 检查输油泵活塞与壳体的密封性。用手指按住出油口，转动柴油机曲轴，使喷油泵随之转动，此时手指能感觉到脉动压迫；当停止泵油后约 5 s 内，手指仍感觉到压迫，说明输油泵活塞密封良好。

（2）吸油能力试验

以内径 $\phi 8$ mm、长 2 m 的软管为吸油管，从水平高度低于输油泵 1 m 的油箱中用输油泵手油泵供油，能在 30 个活塞行程内出油为合格。

（3）输油泵供油能力检查

将输油泵随同喷油泵一起固定在喷油泵试验台上，将进油管与试验台油箱连接，出油口与试验台低压表和流量表连接，转动喷油泵，观察怠速和额定转速时的出油压力及流量，并与标准值比较，测量值符合要求为合格。

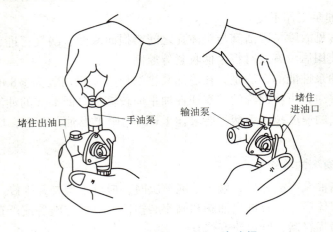

图 4-55 检查输油泵进、出油阀

4.2.5 柴油滤清器

柴油滤清器的作用是滤去柴油中的杂质、水分和石蜡,以减小各精密偶件的磨损,保证喷雾质量。滤清器常串联在输油泵和喷油泵之间,结构形式有单级滤清器和双级滤清器。

(1) 柴油滤清器的结构

目前常用的单级滤清器是微孔纸芯滤清器,其典型结构如图 4-56 所示。它的优点是滤清效率高、体积小、重量轻、价格低。

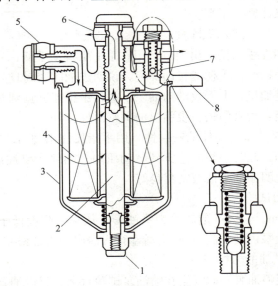

图 4-56 单极柴油滤清器

1—放污螺塞;2—拉杆;3—壳体;4—滤芯;5—进油管接头;6—出油管接头;7—溢流阀;8—盖

项目四 柴油机燃料供给系统的组成与检修

把由微孔滤纸制成的滤芯装入壳体,使滤芯的两端分别与滤清器盖和壳体密闭接触,并形成内外两个油腔;输油泵泵出的柴油,经进油管接头进入壳体外腔,再渗透进滤芯而进入滤芯内腔,最后经出油管接头输出给喷油泵。在此过程中,柴油中的机械杂质和尘土被滤去,水分沉淀在壳体内,有的滤清器下方装有放水螺钉。

当滤清器内油压超过溢流阀的开启压力(0.1~0.15 MPa)时,溢流阀开启,使多余的柴油流回油箱,从而保证滤清器内的油压在一定限度内。

图 4-57 所示是柴油机采用的两级双联柴油滤清器,其结构与单级滤清器基本相同。第一级为纸质滤芯,又称粗滤器;第二级为毛毡或纸质滤芯,又称细滤器。由输油泵来的柴油先进入左边第一级滤清器的外腔,穿过滤芯后进入内腔,再经盖内油道流向第二级滤清器。柴油滤芯通常在发动机达到二级维护里程和时间时,给予更换。

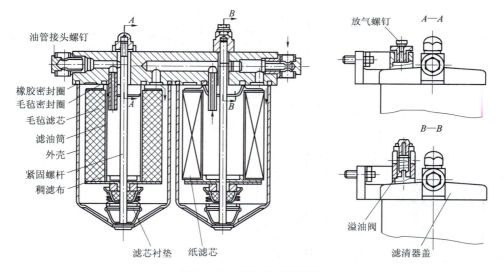

图 4-57 两级柴油滤清器

(2)柴油滤清器的维护

在使用过程中,柴油机每工作一段时间(按使用说明书的要求)后,应拆下拉杆螺母和滤芯,清除沉积在壳体内的杂质和水分,并更换滤芯。

4.2.6 柴油废气涡轮增压装置

所谓增压,是在增压器中压缩进入发动机进气管前的进气充量,以增加其密度,使进入汽缸的实际进气量比自然吸气发动机的进气量多,以达到增加发动机功率、改善燃料经济性和排放性能的目的。在增压发动机中,进气充量将受到两次压缩:一次是在增压器中;另一次是在汽缸中。

发动机的增压方法有机械增压、气波增压、废气涡轮增压和复合增压。废气涡轮增压（简称涡轮增压）最早在柴油机上得到应用，目前仍是发动机增压的主要方式。

废气涡轮增压系统的工作原理如图4-58所示。涡轮机和压气机这一套系统称为增压器。涡轮增压实际上就是一个空气压缩机，它利用发动机排出的废气作为动力来推动涡轮室内的涡轮（位于排气道内），涡轮又带动同轴的叶轮（位于进气道内），叶轮压缩由空气滤清器管道送来的新鲜空气，再送入汽缸。通过涡轮的废气最后排入大气。当发动机转速加快，废气排出速度与涡轮转速也同步加快，空气压缩程度就得以加大，发动机的进气量就相应地得到增加，就可以增加发动机的输出功率。涡轮增压的最大优点是它可在不增加发动机排量的基础上，可大幅度提高发动机的功率，提高幅度可达30%~100%，甚至更多。

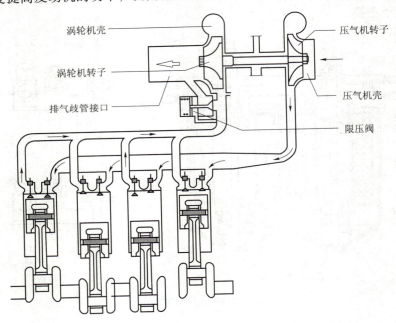

图4-58 废气涡轮增压系统的工作原理图

废气涡轮增压按其增压比$\prod k$（增压后气体压力P_k与增压前气体P_o之比）的大小可分为低增压（$\prod k < 1.4$）、中增压（$1.4 \leq \prod k \leq 2$）和高增压（$\prod k > 2$）。增压比高，压力升高大，但会使空气的温度随之升高，因而空气的密度增长率受到影响，使发动机功率提高受到限制，同时，温度升高还会加大柴油机零件的热负荷，加大排气污染，因此中、高增压比的增压器一般要采用中间冷却器。

中间冷却器的结构与水冷却系统的散热器相似，通常安装在散热器的前方，热空气在其管道内通过时，利用风扇和迎面风进行冷却。

4.3 柴油机供油正时

4.3.1 喷油泵的驱动与联轴器

(1) 喷油泵的驱动

喷油泵是由柴油机前端的正时齿轮通过一组齿轮来驱动的，如图4-59所示。喷油泵的驱动必须满足柴油机工作顺序的要求，即供油正时，为此，在喷油泵驱动齿轮和中间齿轮（图上未画出）上都刻有正时啮合记号，必须对准记号安装才能保证喷油泵供油正时。

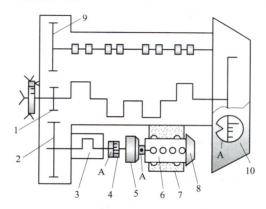

图4-59 喷油泵的驱动与供油正时

1—曲轴正时齿轮；2—喷油泵驱动齿轮；3—空气压缩机曲轴；4—联轴器；
5—供油提前角自动调节器；6—喷油泵；7—托板；8—调速器；
9—配气机构驱动齿轮；10—飞轮上的喷油正时标记；A—各处标记位置

喷油泵通常靠底部定位固定并安装在托板上，用联轴器把驱动齿轮和喷油泵凸轮轴连接起来。有的柴油机在其间串联了进气增压器和供油提前角自动调节器。

有的喷油泵直接利用其前端壳体凸沿上的弧形槽固定在驱动齿轮后面的箱体上，省略了联轴器等部件，并利用壳体相对于凸轮轴的转动不定期调节供油提前角的大小。

(2) 联轴器

联轴器在起连接作用的同时，还可弥补喷油泵安装时造成的喷油泵凸轮轴和驱动轴的同心度偏差；并用小量的角位移调节供油提前角，以获得最佳的喷油提前角。

联轴器有多种结构形式，刚性联轴器结构如图4-60所示。

柴油发动机构造与维修

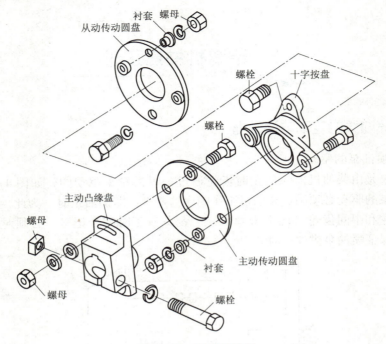

图 4-60 刚性联轴器

主动凸缘盘用长螺栓固定在驱动轴上。主动传力钢片借螺栓与主动凸缘盘相连，主动凸缘盘上的螺孔为弧形孔。主动传力钢片又通过螺栓与十字形中间凸缘盘连接。十字形中间凸缘盘用螺栓与从动传力钢片相连，螺栓将从传力钢片与喷油提前角自动调节器（后接喷油泵凸轮轴）连接在一起。这样，驱动轴上的动力通过上述各零件即可传到喷油提前角自动调节器上。旋松螺栓可使主动传力钢片相对于主动凸缘盘弧形孔转过一个角度，这样就改变了喷油泵凸轮轴与发动机曲轴之间的相位关系，即改变了各缸的喷油时刻（即初始供油提前角）。

挠性片式联轴器如图 4-61 所示。

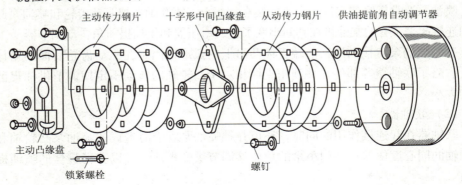

图 4-61 挠性片式联轴器

项目四　柴油机燃料供给系统的组成与检修

主动凸缘盘借锁紧螺栓固定在驱动轴上。螺钉把主动凸缘盘、主动传力钢片、十字形中间凸缘盘和从动传力钢片连接在一起，再用螺钉使从动传力钢片与供油提前角自动调节器相连接。如此，驱动轴的动力通过上述各零件即可传递到供油提前角自动调节器上。

旋转螺钉可使主动凸缘盘相对主动传力钢片和十字形凸缘盘沿弧形孔转过一个角度。同样，旋转螺钉可使供油提前自动调节器相对从动传力钢片和十字形凸缘盘沿弧线形孔转过一个角度，从而改变了各缸的喷油时刻（即初始供油提前角）。两处的手动调节，可使零件结构紧凑、调整灵活方便。

4.3.2　柴油机供油提前角调整装置

供油提前角是喷油泵开始供油至活塞到达上止点之间的曲轴转角。它的大小关系到柴油机喷油泵提前角的大小，对柴油机的工作过程有很大影响。最佳的供油提前角，是在转速和供油量一定的条件下，能获得最大功率及最小耗油率的供油提前角。它不是一个常数，而是随着柴油机的负荷（供油量）和转速而变化的。负荷越大、转速越高，供油提前角应越大。

车用柴油机是根据常用的某个工况确定一个供油提前角数值，在将喷油泵安装到柴油机上时已调好，称为初始角。显然，初始角在这个常用工况范围内是最佳的；而车用柴油机的转速变化范围很大，要保证柴油机在整个工作转速范围内性能均良好，就必须使供油提前角在初始角基础上随转速而变化，因此目前的车用柴油机上都装有供油提前角自动调节装置。

4.3.2.1　供油提前初始角的调整

供油提前初始角的调整也称静态供油提前角调整，由人工在静态时进行，而且不同的结构采用的方法也不同。

（1）联轴器式

调整方法如4.3.1所述。

（2）转动壳体式

如图4-62所示，泵体前端是三角形凸缘盘，其上开有三条弧形槽，用螺栓将其固定在驱动齿轮后面的箱体上。调整时，松开螺钉，转动壳体，根据凸轮轴的驱动方向，逆凸轮轴转向转动壳体时，供油提前角变大；反之则减小。

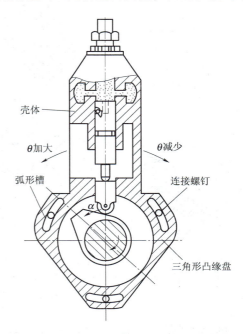

图4-62　转动壳体调整供油提前角

4.3.2.2 供油提前角自动调整装置

国内外车用柴油机供油提前角自动调节装置都是适应转速的变化而自动改变供油提前角的。对于柱塞泵一般采用单独的机械离心式供油提前角自动调节装置；对于VE泵则采用液压式供油提前角自动调节装置。

改变整个喷油泵的供油提前角的方法是改变曲轴与喷油泵凸轮轴的相对位置来实现的。

（1）机械离心式供油提前角自动调整装置

图4-63所示为CA6110—2型机械离心式供油提前角自动调整装置的结构。

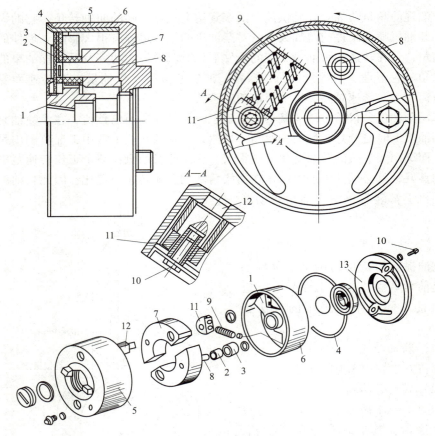

图4-63　机械离心式供油提前角自动调整装置

1—从动盘；2—内座圈；3—滚轮；4—密封圈；5—驱动盘；6—筒状盘；7—飞块；
8—销钉；9—弹簧；10—螺钉；11—弹簧座圈；12—销轴；13—调节器

机械离心式供油提前角自动调节装置位于联轴器和喷油泵之间，联轴器的从动部分即调节装置的驱动部分，调节装置的从动部分即喷油泵的驱动部分。

项目四 柴油机燃料供给系统的组成与检修

调节器壳体用螺栓与联轴器相连，为主动元件。两个飞块套在调节器壳体端面的两个销钉上，外面还套装两个弹簧座，飞块的另一端各压装一个销钉，每个销钉上各松套着一个滚轮和滚轮内座圈。从动盘与喷油泵凸轮轴相连接。从动盘两臂的弧形侧面（如图4-64所示）与滚轮接触。平侧面则压在两个弹簧上，弹簧的另一端支于弹簧座上。整个调节器是一个密封体，内腔充满机油以润滑。

机械离心式供油提前角自动调整装置的工作原理如图4-64所示。柴油机工作时，在曲轴的驱动下，调节器壳体及飞块沿图中箭头方向旋转，受离心力的作用，两个飞块的活动端向外甩开，滚轮对从动盘的两个弧形侧面产生推力，迫使从动盘沿箭头所示方向相对于调节器的壳体，超前转过一个角度，直到弹簧作用在平侧面上的压缩弹力与飞块离心力相平衡为止，于是从动盘与调节器壳体同步旋转。当转速升高，飞块离心力增大，其活动端进一步向外甩出，滚轮迫使从动盘沿箭头所示方向相对于调节器壳体再超前转过一个角度，直到弹簧的压缩弹力与飞块离心力达到一个新的平衡状态为止。这样，供油提前角便相应地增大；反之，当柴油机转速降低时，供油提前角相应减小。CA6110—2型柴油机供油提前角调节量为0°~6°30′。

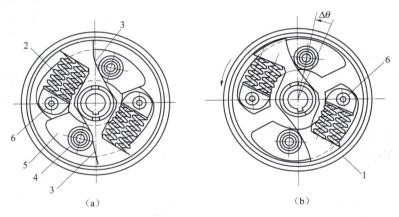

图4-64 机械离心式供油提前角调整装置工作原理
(a) 静止或急速时；(b) 高速时
1—主动盘；2—弹簧；3—从动盘臂曲面；4—滚轮；5—飞块；6—主动盘销轴

(2) 液压式供油提前角自动调整装置

VE泵采用液压式供油提前角自动调整装置，位于VE分配泵下部，由液压缸、活塞、拨销、连接销、弹簧和滚轮座等主要零件组成，其结构如图4-65所示。

活塞通过连接销、拨销与滚轮座相连。活塞左侧液压缸内有弹簧并与滑片输油泵进油侧相通，因而其作用力为弹簧力和进油压力；而活塞右侧液压与泵内腔相通，其作用力为泵内燃油压力，其值随转速增加而增加。

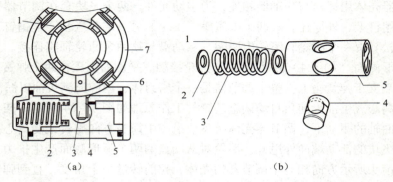

图 4-65 液压式供油提前角自动调整装置结构
(a) 供油提前角自动调节器剖面；(b) 柱塞组件
1—滚轮；2—弹簧；3—传动销；4—连接销；
5—柱塞；6—滚轮轴；7—滚轮架
1—垫片；2—调整垫片；
3—弹簧；4—连接销；5—柱塞

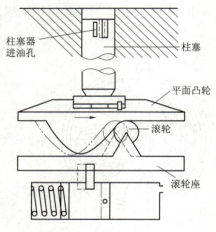

图 4-66 液压式供油提前自动调整装置工作原理

在喷油泵处于静止状态时，活塞在弹簧力作用下，被推向右侧。当柴油机工作后，泵内燃油压力升高。当活塞两边失去平衡时，活塞开始向左移动，通过连接销、拨销推动滚轮座沿顺时针方向转动，即滚轮座相对于平面凸轮转动，迫使平面凸轮提早顶起，供油提前角增大而使供油提前；反之，转速降低，滚轮逆时针方向转动，即滚轮座顺着平面凸轮转动，供油提前角减小而使供油滞后，如图 4-66 所示。

若改变弹簧预紧力，则可以改变供油提前角自动调节装置起作用的转速。

4.3.3　柴油机供油正时的检查与调整

供油正时指喷油泵正确的供油时间，一般用供油提前角表示。

供油提前角指喷油泵第一缸柱塞开始供油时，该缸活塞距压缩终了上止点的曲轴转角。供油提前角对发动机性能影响很大，供油提前角过大，会引起发动机工作粗暴；供油提前角过小，将造成发动机过热、功率下降、燃烧不完全和排气管冒烟等。

汽车行驶一定里程或在维修中喷油泵检修后经过调试重新安装时，必须检查供油正时。

4.3.3.1 供油正时标记

为了便于检查和调整供油正时,一般柴油机汽车通常在发动机和喷油泵上都有正时标记,正时标记一般可分为以下 3 种。

(1) 喷油泵的第一分泵开始供油标记

对于不同的发动机,此标记也稍有不同,如图 4-67 所示。有些发动机的喷油泵第一分泵开始供油标记为联轴器上定时刻线与喷油泵轴承盖上定时刻线对准;有些则为喷油泵轴承盖上刻线与供油提前角自动调整器外壳上的刻线对准;还有些是将喷油泵体前端面上刻线与供油提前角自动调整器外壳上的刻线对准。

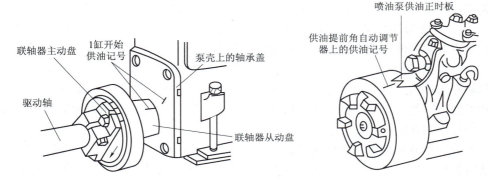

图 4-67 喷油泵第一分泵开始供油标记

(2) 发动机供油提前角标记

它是第一缸活塞到达压缩行程上止点前供油提前角位置的标记。如飞轮或曲轴带轮上的上止点标记与发动机外壳上的标记对准,如图 4-68 所示。

(3) 喷油泵与发动机传动齿轮的啮合记号

此种标记主要是指传动齿轮配气正时标记、喷油泵与驱动部分的连接标记(有的发动机上没有此种标记)。

不同车型的供油正时标记位置及符号也不一样。

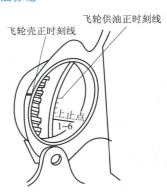

图 4-68 发动机供油提前角标记

4.3.3.2 供油正时的检查

柴油机供油正时可用柴油机正时灯、发动机综合检测仪和人工经验法进行检测。

(1) 正时灯检测——频闪法

将正时类的油压传感器串接于第一缸高压油管与喷油器之间或外卡于高压油管,使油压脉冲信号转变为电信号,并触发正时灯闪光。每闪光一次,则第一缸供油一次，二者具有相同的频率。用正时灯对准第一缸压缩终了上止点标记，调整正时灯上的电位计，使飞轮或曲轴带轮上的供油提前角标记与发动机壳体上的上止点标记对齐，仪器即能测出供油提前角的大小。

（2）发动机综合检测仪检测——缸压法

用发动机综合检测仪检测的基本原理是：用缸压传感器确定某缸压缩压力最大点（即该缸活塞上止点），用油压传感器确定该缸的供油时刻，二者之间所对应曲轴转角即该缸供油提前角。

（3）人工经验检查

① 摇转曲轴使第一缸活塞处于压缩行程中，当发动机上的固定标记对准飞轮或曲轴带轮上的供油提前角记号时，停止摇转曲轴。

② 检查喷油泵第一分泵开始供油标记是否对正。如联轴器从动盘上刻线记号是否与泵壳前端面上的刻线记号对正，如图4-67所示。

若两刻线记号正好对正，说明喷油泵第一缸柱塞开始供油时间是准确的；若联轴器与从动盘刻线记号还未到达泵壳前端面上的刻线记号，说明第一缸柱塞开始供油时间晚；反之，若联轴器从动盘上记号已越过前端面上的刻线记号，说明第一缸柱塞开始供油时间早。

若联轴器从动盘和泵壳前端面上没有记号，应拆下喷油泵第一缸高压油管，摇转曲轴，当一缸柱塞快要高压供油时，缓慢摇转曲轴并注视第一缸出油阀紧座出油口液面。当液面刚刚向上移动时，停止摇转曲轴，此时即一缸开始供油位置。为了以后检查方便，应在联轴器从动盘上和泵壳前端面上补做一对记号。

4.3.3.3 供油正时的调整

① 对于新喷油泵或刚调试好的喷油泵，可以松开并拆下联轴节上的传动螺栓，然后顺着喷油泵凸轮轴的工作方向转动凸轮轴，使喷油泵上的供油正时板与供油自动调节器正时刻线对正，最后拧紧传动螺栓。

② 对于旧喷油泵，由于各机件有不同程度的磨损，基准缸（第一缸）的供油时刻已发生了变化，即供油正时板与供油自动调节器正时刻线对正后，第一缸油管接头的油面还没有动静，所以不能采用第一种方法调整。

对旧喷油泵，应转动曲轴直至飞轮与飞轮壳上的供油刻线对正，喷油泵供油正时记号在同一方向。拆下联轴节上的传动螺栓，拆下第一缸上的高压油管，将油门操纵臂推到最大供油位置，若喷油滞后，则应顺着喷油泵工作方向转动凸轮轴直到第一缸油管接头内的油面微动而止，最后装上传动螺栓并拧紧。

③ 检验。供油提前角调整完毕后，应启动柴油机，根据运转情况（运转的稳定程度、发出的声响及排烟等）来判断供油时间是否恰当。热车后，以高挡最低稳定车速行驶，然后将加速踏板踩到底，使汽车急加速运行。此时，若能听到柴油机有轻微的着火敲击声，且随着车速的提高在短时间后消失，则为供油时间过早；如果听不到着火敲击声，且加速不灵，动力不足，则为供油时间过晚。

以上是喷油泵第一缸柱塞供油提前角的检查和调整方法，其他各缸的供油提前角是否正确，则决定于各缸供油间隙是否正确。

4.4 柴油机燃料供给系统的维修

4.4.1 柴油机燃料供给系统的维护

柴油机燃料供给系统各零件在使用过程中会有不同程度的磨损、腐蚀、松动以及积污、结垢和机械损伤，特别是在磨损的后期，出现故障的次数会大大增加。根据磨损的规律和技术状况的变化情况，进行定期维护是一项保持车辆完好使用性能的有效措施。

按维护周期和维护项目的不同，汽车的维护制度基本上定为例行维护、一级维护、二级维护、大修等4种，其中例行维护和一级维护由驾驶员来完成；二级维护和大修由修理厂或专修服务商来完成。

各级维护保养的间隔里程为：例行维护保养每日（每班）进行；一级维护保养在行驶间隔里程约 2 000 km 时进行；二级维护保养在行驶间隔里程约为 8 000 km 时进行；汽车大修一般采用按需修理，即当主要总成性能下降并影响其正常工作，且在小修范围内不能恢复其性能时，则要对其进行大修作业。

燃料供给系统维护的级别和项目不同，但维护的原则是一致的。

① 例行维护是各级维护的基础，以每日出车前、中、后的清洁和检查为主，其主要内容是：检视燃油箱液面高度，检查其通气孔是否通畅；在怠速运转下检查低压和高压油路有无渗漏油现象，对各油管接头和喷油泵柱塞套定位螺钉等处，要特别注意检查；在柴油机运转时，检查喷油器与座孔处有无气体冲出（若有气体冲出，则属喷油器上的铜锥体密封不良）；检视喷油泵内机油平面；查听柴油机在各种转速下有无因燃油系统故障引起的异响；将变速器置于空挡，通过踏下加速踏板或放松加速踏板，观察柴油机在各种转速下有无异常。

② 一级维护以检查紧固、润滑、清洗为主，其主要内容是：除了完成例行保养项目外，还应进行以下保养：放出燃油箱、柴油滤清器的沉淀物，清洗输油泵油口的滤网；若柴油质量不好，还需清洗柴油滤清器的滤芯；查看喷油泵调整器内的机油面，若发现油质变差，则应更换喷油泵及调速器内的机油；检查从加速踏板至喷油泵操纵臂之间的杆系连接及拉簧复位情况；检查喷油泵熄火摇臂拉杆及复位情况；检查喷油泵定位螺栓的紧固情况。

③ 二级维护是以检修、调整为主。除了完成一级维护项目外，还应进行以下保养：清洗燃油箱、柴油粗滤网和柴油滤清器的滤芯；更换喷油泵及调速器内

的机油；检查喷油器的喷雾质量和喷射压力，必要时进行调整；打开喷油泵侧盖，检查柱塞弹簧是否有折断现象；检查挺杆销锁紧螺母是否松动；用手拨动供油齿圈或拨叉，看供油齿杆移动是否灵活，拉动熄火摇臂或摆动油门操纵臂，观察供油拉杆（或齿杆）移动是否正常；检查喷油泵供油正时；若挺杆销锁紧螺母松动，还应校正各缸供油间隔角。

在标准行驶间隔里程内，若柴油机工作性能无明显下降，则不一定非要将喷油泵拆卸下来进行调试；但柴油机工作性能已明显降低时，则必须将喷油泵拆下，由专业人员对其进行检测和调试，并根据柱塞、出油阀偶件的磨损程度决定是否进行更换。

④ 大修。应以总成解体的检查、修理、调试为主，恢复其总成的主要技术性能，即在一定的总成大修里程内，满足使用可靠性要求和技术性能要求，其主要内容是：清洗燃油箱、柴油粗滤网和更换柴油滤清器滤芯；更换所有油管接头的铜垫圈；检查喷油器的喷雾质量和喷油压力，若喷油泵损蚀过大，则要进行更换。将喷油泵拆卸下来，并由专业人员给予全面解体，进行检查和调校，使喷油泵达到规定的各种运行工况。

4.4.2 喷油泵和调速器的调试

4.4.2.1 喷油泵的调试

喷油泵在使用过程中零件的磨损和故障的出现，会使其技术状况变差，因此需要定期检查、调整和修理，以保证发动机正常工作。

喷油泵的调试应在喷油泵试验台上进行，并由专人操作。喷油泵试验台的构造如图 4-69 所示。试验台的电动机功率要足够，以保证喷油泵在最大供油量及最大转速下能稳定地运转；喷油泵试验台应具有较宽的转速变化范围；转速、流量和燃油计量要可靠；试验台高压油管的规格一般为内径 $\phi 2$ mm，外径 $\phi 6$ mm，长度 600 mm 的标准油管，对于供油较大的 P 型泵，可使用内径 $\phi 3$ mm，外径 $\phi 8$ mm，长度 800 mm 的标准油管；试验台上应安装标准喷油器（zsi2sji 型 17.5 MPa）；输油泵输出油压调为 1.6 MPa；试验油温为 40 ℃ ~ 45 ℃；调试室应清洁防尘。

喷油泵的调试项目有：供油时刻的调试和供油量的调试。

（1）供油时刻的调试

供油时刻的调试包括第一缸开始供油时刻的调试和各缸供油间隔角的调试。

① 溢流法。调速器手柄置于最大供油量位置，利用喷油泵试验台内部专设的高压油路供给的柴油，通过油路转换阀送入喷油泵油腔中，当柱塞处于下止点而柱塞套上的进、回油孔被打开时，高压油便克服出油阀弹簧的压力将出油阀顶开，柴油从标准喷油器的放气溢流管中流出；然后缓慢地转动喷油泵凸轮轴，使第一分泵柱塞从下止点位置逐渐上升，当恰好使溢流管停止出没时，即第一分泵

项目四 柴油机燃料供给系统的组成与检修

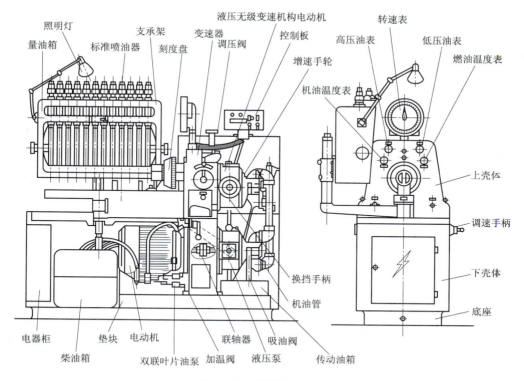

图 4-69 喷油泵试验台

的供油开始时刻,此时要求喷油泵联轴器上的刻线记号与喷油泵壳体前盖上的记号对正。若联轴器上的刻线超过壳体前盖上的刻线,说明该缸供油过迟;反之,说明供油过早。调好第一分泵供油时刻后,把试验台上的指针移至对正刻度盘的 0 刻度,然后根据喷油泵的供油顺序,以第一分泵为准,调整其他各缸的供油间隔角度。例如,四缸喷油泵的供油顺序为 1—3—4—2,则在调整第三分泵的供油时刻时,从第一分泵供油时刻开始,将凸轮轴旋转 90°,应正好是第三分泵的供油时刻。依此类推,各缸供油间隔角度误差应在 ±0.5° 凸轮转角范围内。

② 测时管法。测时管的结构如图 4-70 所示。

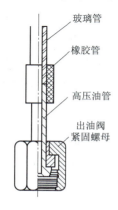

图 4-70 测时管

试验时,将测时管装在第一分泵出油阀的接头上,转动喷油器凸轮轴使第一分泵柱塞泵油,直到测时管不出现空气为止。倒出玻璃管中部分柴油,然后慢慢转动凸轮轴,当玻璃管内的液面刚刚开始向上移动时,立即停止转动凸轮轴,此时即第一分泵的供油时刻。查看喷油泵联轴器上的刻线记号是否与泵体前盖上的记号对齐,若有偏差可调整该分泵滚轮体上的调整螺钉或调整垫片。测时管法简单方便，测量比较准确，应用广泛。

（2）供油量的调试

在对供油量进行调试时，要求各缸供油量应均匀稳定，以保证柴油机平稳运转。各缸供油不均匀度可按下式计算：

$$各缸不均匀度 = [2 \times (最大供油量 - 最小供油量) / (最大供油量 + 最小供油量)] \times 100\%$$

各项指标中，其中额定转速供油不均匀度最为重要，一般不应大于3%；其次是怠速的供油不均匀度，由于怠速总油量较小，故规定其不均匀度不应大于30%。

① 额定供油量。额定供油量是指调速器手柄放在最大供油位置，喷油泵在额定转速下的供油量。

调试时，使喷油泵在额定转速运转，将调速器手柄转到最大供油位置，启动喷油泵试验台，喷油100次，观察各缸供油量，如不符合标准和不均匀时，松开调节叉螺钉（拨叉供油量调节机构），将调节叉调节拉杆移动到适当位置后，再紧固螺钉。

② 怠速供油量。怠速供油量是指泵在规定的怠速下运转时，调速器手柄放在最小供油位置时的供油量。

调试时，先将喷油泵转速调到规定值，操纵手柄放在最小供油量位置，再缓慢向增油方向移动手柄。当喷油器刚刚开始滴油时，固定好调速器手柄，观察供油量，此怠速供油量的大小及不均匀度应符合规定。

③ 启动供油量。启动供油量是指调速器手柄在最大供油量位置，喷油泵在启动转速（10~200 rpm）时的供油量。此供油量为额定供油量的150%以上，是喷油泵所能达到的最大供油量。

4.4.2.2 调速器的调试

调速器的调试内容主要是高速和怠速起作用时的转速。

（1）高速起作用时转速的调试

试验时，启动喷油泵试验台，使喷油泵由低速向高速直至接近额定转速，把喷油泵供油拉杆向供油方向推到底，然后缓慢增加喷油泵转速，同时观察供油拉杆位置的变化。当供油拉杆开始向减油方向移动时，此时的转速就是调速器起作用的转速，此转速应符合技术要求；如达不到技术要求，则根据调速器的具体结构进行调整（改变怠速弹簧预紧力）。

（2）怠速起作用时转速的调试

与限制柴油机额定转速的原理相似，当柴油机以怠速转速运转时，离心零件作用在调速套筒上的轴向力与怠速弹簧相平衡。当某种原因造成发动机运转阻力增大使转速降低时，离心零件产生的离心惯性力不足以平衡怠速弹簧，使供油拉杆或齿杆向增加供油量的方向移动。

4.4.3 柴油机燃料供给系统常见故障分析

如果柴油机燃料供给系统发生故障，将对发动机的动力性、经济性和工作可靠性产生直接影响。柴油机燃料供给常见故障部位如图4-71所示。

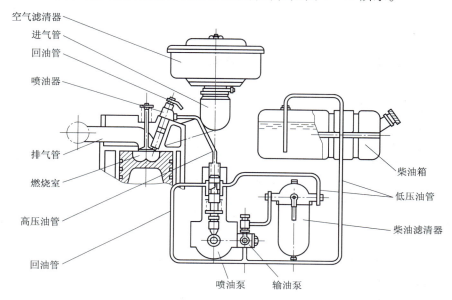

图4-71 柴油机燃料供给系统常见故障部位

柴油机燃料供给系统燃油供给路线包括低压油路、高压油路和回油油路。在进行故障分析时，首先应能正确判断故障发生在低压油路还是高压油路；其次能熟练查找故障原因并排除。

① 判断高、低压油路故障的方法为：松开输油泵的手油泵并用力压几下，若感觉轻松，压力小，则为低压油路故障；若感觉费劲，且有柴油打开溢油阀的压油过程，则低压油路正常。

② 检查高压油路是否正常的方法为：松开喷油泵出油管接头，启动起动机，看是否有油柱喷出，一般应喷出50~100 cm的高度，且无气泡；否则为高压油路故障。

③ 检查低压油路故障部位的方法为：松开输油泵出油管，用手油泵泵油，若能将柴油从油箱吸出，并从手油泵出口压出，则故障在喷油泵；若不能，则故障在手油泵或至油箱的油路中。可用一新油箱、小油箱取代原来油管泵油，分段检查故障部位。

④ 区别是喷油器故障还是汽缸压力过小或喷油正时不当的方法为：将喷油器拆下，并重新连接在燃烧室外面，启动起动机，看喷油器喷雾情况，若喷雾良好，则故障为汽缸压力低或喷油正时不当；若喷雾滴油或不喷油，则为喷油器故障。

4.4.3.1 柴油机启动困难

对于柴油发动机来说，如果能满足适当的燃油供给条件（喷油量及喷油量雾化质量、喷油时间等）和充分的压缩压力，则能正常启动。在分析故障原因时应首先考虑这些条件。

当起动机正常工作而发动机不能启动时，大多是供给系统工作不良引起的，有两种情况：

（1）发动机无启动迹象，排气管不排烟

1）故障原因

① 油箱内无油或存油不足。

② 低压油路堵塞或渗入空气。

③ 输油泵故障。

④ 喷油泵故障（如柱塞偶件磨损过甚，内泄漏大，使供油量达不到启动时的需要；油量调节机构卡滞，使柱塞不能转动或转动量过小；出油阀密封不良，造成不供油或供油不足等）。

⑤ 喷油器故障（如针阀积炭或烧结而不能开启；针阀开启压力过高；喷油孔堵塞等）。

⑥ 供油时间不准。

⑦ 汽缸压缩压力过低，温度过低。

2）诊断方法

在进行"发动机启动困难"故障排除时，按照"检查喷油是否正常——检查喷油是否正时——检查汽缸压缩压力是否太低"的顺序进行。诊断流程如图4-72所示。

（2）发动机有启动迹象，排气管冒白烟，但不能发动

1）故障原因

① 柴油机启动预热装置损坏，发动机温度过低。

② 供油时间不准。

③ 喷油泵故障。

④ 喷油器故障

⑤ 汽缸压缩压力过低。

2）诊断方法

同上一故障的诊断方法。

4.4.3.2 柴油机动力不足

常见的发动机动力不足表现为：发动机运转平稳，无高速，排气管排烟量过少；发动机运转发抖，排气管排烟不正常等。

（1）柴油机运转平稳，无高速，排气管排烟量过少

汽车行驶时发动机动力不足，加速不灵敏，即便将加速踏板踩到底，转速仍

项目四 柴油机燃料供给系统的组成与检修

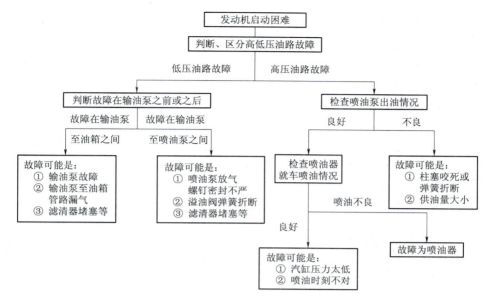

图 4-72 柴油机启动困难故障诊断流程图

不能提高到规定值,且排气管排烟量过少。

1) 故障原因

造成这种现象的原因主要是达不到额定供油量而使发动机动力不足。

① 油门拉杆行程不能保证供给最大供油量。

② 调速器调整不当或调速弹簧过软使喷油泵不能保证最大供油量。

③ 喷油泵故障(如油量调节拉杆达不到最大供油位置;出油阀密封不良;柱塞磨损过甚等)。

④ 输油泵工作不良使供油不足。

⑤ 低压油路有堵塞或渗入空气。

诊断流程如图 4-73 所示。

柴油机在常用工况下,排气管排出的废气是无色透明或接近无色透明的气体。只有在短时间内接近全负荷运转或启动时,废气才呈现灰色或深灰色。如果在常用工况下,废气具有了某种颜色,这是故障的反映。供油系统发生故障时,不正常的烟色一般分为两种,即白烟和黑烟。白烟一般是油中有杂质的表现;黑烟一般是喷油泵供油过量或喷油器故障的表现。

(2) 发动机动力不足,排气管排白烟,排气无力

随尾气排出的白烟是因发动机在低温下着火不好而产生的,由未燃烃、水蒸气以及不完全燃烧的中间产物而构成的直径约 1.3 μm 的颗粒。

1) 故障原因

① 喷油时间过迟,后续喷入的燃油未能着火便排出。

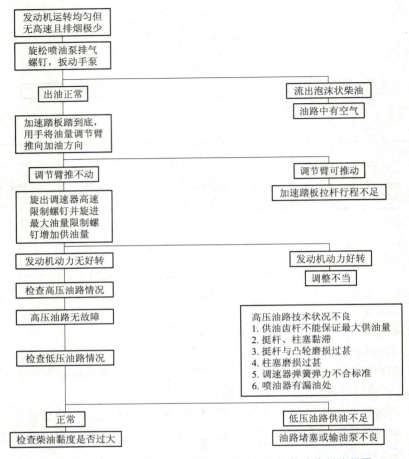

图4-73 发动机运转平稳但无高速且排烟少的故障诊断流程图

② 喷油器喷雾质量不佳,部分未雾化的柴油不能在极短时间内自燃。
③ 汽缸温度过低或汽缸压缩压力不足。
④ 柴油中有水或因汽缸垫损坏、缸套、缸盖破裂漏水等原因造成汽缸进水等。
2)诊断方法
诊断流程如图4-74所示。
(3)发动机动力不足,排气管排黑烟且伴随排气管放炮

黑烟是燃料在高温缺氧的情况下不完全燃烧的产物,在排出燃烧室后继续释放能量,引起排气管放炮。
1)故障原因
① 空气滤清器严重堵塞,造成进气量不足。
② 喷油泵供油量过多或各缸供油不均匀度太大。
③ 喷油器喷雾质量不佳或喷油器滴油。

项目四　柴油机燃料供给系统的组成与检修

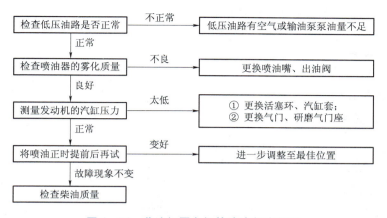

图 4-74　柴油机冒白烟故障诊断流程图

④ 喷油时间过早。
⑤ 汽缸压缩压力不足，使柴油燃烧不良。
⑥ 柴油质量低劣。
2）诊断方法
诊断流程如图 4-75 所示。

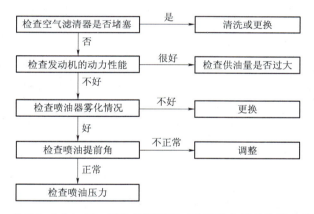

图 4-75　柴油机动力不足，排气管冒黑烟且伴随排气管放炮故障诊断流程图

4.4.3.3　柴油机工作粗暴

柴油机工作粗暴是指柴油机工作时，汽缸内燃烧的混合气的温度和压力急剧升高，致使燃烧室壁、活塞、曲轴等机件产生强烈振动，并发出强烈的敲击声。这种现象被称为柴油机工作粗暴，又被称为燃烧噪声。

1）故障原因
① 喷油时间过早。
② 喷油雾化不良。

③ 进气通道堵塞或空气滤清器堵塞造成进气不足。
④ 各缸喷油不均。
⑤ 喷油器滴油。
⑥ 选用的柴油牌号不当。

2）诊断方法

诊断流程如图 4-76 所示。

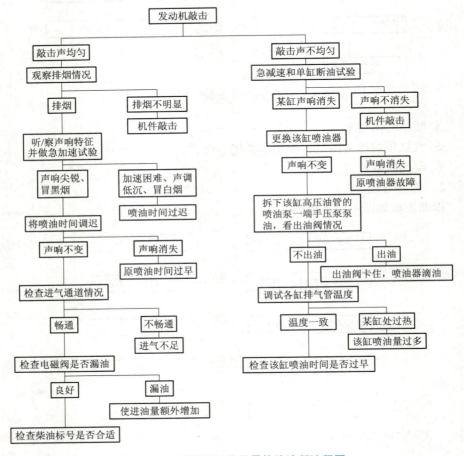

图 4-76　柴油机工作粗暴故障诊断流程图

当柴油机产生类似敲缸声时，应首先确定是着火敲击还是机件敲击。

4.4.3.4　柴油机超速

柴油机的转速失去控制，急转不止的现象称为超速（俗称飞车）。

此现象常发生在柴油机运行中或自身空转中，尤其是全负荷或超负荷高速运转时突然卸荷后，转速自动升高超过额定转速而失去控制。

故障原因有两个方面：一是喷油泵调速器本身的故障，使其丧失了正常的调速特性；另一方面是柴油机在运转过程中有额外的柴油或润滑油进入燃烧室参与燃烧。

1) 故障原因

① 调速器调整不当或卡死。

② 柱塞拉毛严重。

③ 供油量超标太多。

④ 调速器内机油过多或太脏、黏度过大，使飞球甩不开。

⑤ 额外的柴油、机油参与燃烧（如汽缸窜油，使机油进入燃烧室燃烧；增压器油封损坏，机油进入燃烧室燃烧；气门油封漏油等）。

2) 诊断方法

诊断流程如图4-77所示。

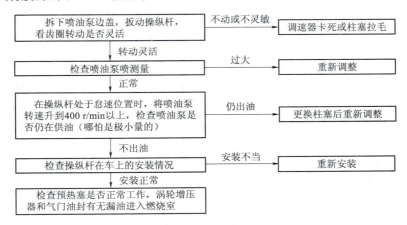

图4-77 柴油机超速故障诊断流程图

柴油机一旦出现"飞车"，首先要采取紧急措施，设法立即熄火，避免事故发生。紧急熄火方法有以下几种：

① 若汽车正在运行中，千万不要脱挡或踩下离合器，而应紧急制动直至发动机熄火。

② 若汽车静止，发动机空转时，可立即采用断油或断气的方法使发动机熄火。

a. 迅速将油门拉杆收回到停车位置，拉出停油拉钮。

b. 有减压装置的，迅速将减速手柄置于减压位置。

c. 若进、排气管道是带阀的，可将阀门关闭；如果是不带阀门的，则可拆下空气滤清器，堵住进气管道。

d. 对于供油拉杆或齿杆外露的喷油泵，可迅速将拉杆推向停油位置。

e. 松开各缸高压油管或低压油路的油管接头以停止供油。

f. 若空挡时，应及时挂入高速挡，踩下制动踏板，使发动机熄火。

项目五

柴油机电控系统

5.1 概 述

传统的柴油喷射系统采用机械方式对喷油量和喷油时间进行调节和控制。机械运动的滞后性、调节时间长、精度差、以及喷油速率、喷油压力和喷油时间难以精确控制等，导致柴油机动力经济性不能充分发挥，且排气超标。研究表明，一般机械式喷油系统对喷油定时的控制精度为2°（曲轴转角）左右，而喷油始点每改变10°，燃油消耗率会增加2%，HC排放量增加16%，NO_x排放量增加6%。

5.1.1 电控柴油喷射的优点

与传统的机械方式比较，电控柴油喷射系统具有如下优点：
① 对喷油定时的控制精度高（高于0.5°），反应速度快；
② 对喷油量的控制精确、灵活、快速，喷油量可调节，可实现预喷射，可改变喷油规律；
③ 喷油压力高（高压共轨电控柴油系统的喷油压力高达200 MPa），不受发动机转速影响，优化了燃烧过程；
④ 无零部件磨损，长期工作稳定性好；
⑤ 结构简单，可靠性好，适用性强，可以在新老发动机上应用。

5.1.2 电控柴油喷射系统的类型

柴油机电控喷射系统可分为两大类，即位置控制系统和时间控制系统。
第一代柴油机电控喷射系统采用的是位置控制系统。它不改变传统的喷油系统的工作原理和基本结构，只是采用电控组件，代替调速器和供油提前器，对分配式喷油泵的油量调节套筒或柱塞式喷油泵的供油齿杆的位置，以及油泵主动轴和从动轴的相对位置进行调节，以控制喷油量和喷油定时。其优点：无须对柴油机的结构进行较大改动，生产继承性好，便于对现有机型进行技术改造；缺点：控制系统执行频率响应仍然较慢、控制频率低、控制精度不够稳定。由于喷油率和喷油压力难于控制，而且不能改变传统喷油系统固有的喷射特性，因此很难较大幅度地提高喷射压力。

第二代柴油机电控喷射系统采用的是时间控制方式，其特点是在高压油路中，利用电磁阀直接控制喷油开始时间和结束时间，以改变喷油量和喷油定时。它具有直接控制、响应快等特点。

时间控制系统又有电控泵喷油器系统和共轨式电控燃油喷射系统两类。电控泵喷油器系统除了能自由控制喷油量和喷油定时外，喷射压力还十分高（峰值压力可达 240 MPa），但它无法实现喷油压力的灵活调节，且较难实现预喷射或分段喷射。共轨式电控燃油喷射系统是比较理想的燃油喷射系统。它不再采用喷油系统柱塞泵分缸脉动供油原理，而是用一个设置在喷油泵和喷油器之间的、具有较大容积的共轨管，把高压油泵输出的燃油蓄积起来并稳定压力，再通过高压油管输送到每个喷油器上，由喷油器上的电磁阀控制喷射的开始和终止。电磁阀起作用的时刻决定喷油定时，起作用的持续时间和共轨压力决定喷油量。由于该系统采用压力时间式燃油计量原理，因此又可称为压力时间控制式电控喷射系统。按其共轨压力的高低又分为高压共轨、中压共轨和低压共轨 3 种。

5.1.3　电控柴油喷射的基本原理

电控柴油喷射系统由传感器、控制单元（ECU）和执行机构 3 部分组成。传感器采集转速、温度、压力、流量和加速踏板位置等信号，并将实时检测的参数输入计算机；ECU 是电控系统的"指挥中心"，对来自传感器的信息同储存的参数值进行比较、运算，以确定最佳运行参数；执行机构按照最佳参数对喷油压力、喷油量、喷油时间、喷油规律等进行控制，驱动喷油系统，使柴油机工作状态达到最佳。

5.2　柴油机电控系统的组成及工作原理

5.2.1　电子控制柱塞式喷油泵

柱塞式喷油泵的喷射压力对于可燃混合气的形成及燃烧质量影响很大，为了获得良好的燃烧性能，要求喷油压力较高。由于柱塞式喷油泵的高压油管的压力与喷油泵转速和静态供油速率（每度凸轮轴转角的喷油量，简称供油速率）成正比，因此发动机在高速运转时，高压油管内的压力随喷油泵转速的升高而提高。在低速运转时，高压油管内的压力将随喷油泵转速的下降而降低。

理想的喷油泵应保证发动机低速运转时增加供油速率，以便得到较高的喷油压力。在发动机高速运转时应减低供油速率，以避免喷油压力过高。电控预行程可控式喷油泵，也称为电控供油速率可控式喷油泵，正是按这一要求设计的一种新型电控喷油泵。

5.2.1.1 预行程可控式喷油泵的工作原理

预行程是指喷油泵柱塞从下止点开始上升至关闭进、出油孔，在开始压送燃油之前的凸轮行程。普通柱塞式喷油泵的进、出油孔设置在柱塞套筒上，当柱塞关闭进、出油孔时，开始泵油的预行程是不能改变的，供油速率也是一定的；但预行程可控式喷油泵的供油速率则可自由调节。这样，在发动机低速运转时可增大预行程，提高柱塞速度，从而增大供油速率，使高压油管内的压力升高；在发动机高速运转时，用常规的预行程保持原有供油速率，以防止高压油管内压力过高。随着预行程的增减，喷油开始的时刻也发生变化，可起到相当于普通喷油提前角调节器的作用。

综上所述，预行程可控式喷油泵实际上可实现对供油速率和喷油提前角的控制。

5.2.1.2 预行程可控式喷油泵的构造

预行程可控式喷油泵的构造如图 5-1 所示，其结构主要有以下两个特点：一是在柱塞套筒下方设置有一个控制套筒，通过调节杆的上下移动来控制预行程量的变化；二是进油口设置在柱塞上，其燃油的喷射过程与普通喷油泵不同。预行程可控式喷油泵的工作过程如图 5-2 所示。

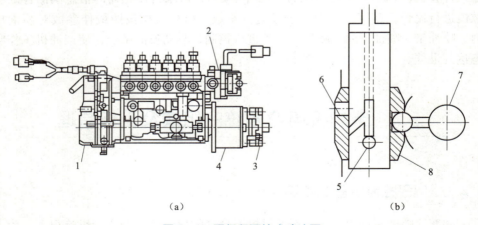

图 5-1 预行程可控式喷油泵

(a) 喷油泵外形；(b) 可变预行程柱塞和控制套筒的结构

1—电动调速器；2—预行程执行机构；3—联轴节；4—离心飞块（喷油提前角调节器）；
5—进油孔；6—出油口；7—拨叉；8—控制套筒

项目五　柴油机电控系统

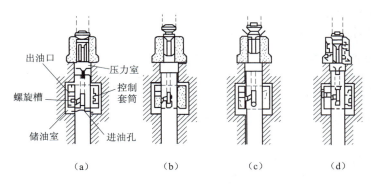

图 5-2　预行程可控式喷油泵的工作过程
(a) 进油；(b) 开始压油；(c) 喷射；(d) 喷射终了

(1) 进油过程

当凸轮升程处于低位置时（如图 5-2 (a) 所示），柱塞上的进油孔位于控制套筒的下边，储油室的燃油从柱塞上的进油孔进入压力室，此时压力室与储油室连通，故压力室内的压力不会升高。

(2) 开始压油

当柱塞被凸轮顶起，开始上升直至柱塞上的进油孔被控制套筒关闭为止，所对应的凸轮升程即预行程，此后压力室内的压力开始上升并开始压油，如图 5-2 (b) 所示。

(3) 喷油过程

柱塞上有螺旋槽与柱塞中心的进油孔相通，从柱塞上行至进油孔被控制套筒关闭时起，到柱塞上的螺旋槽与控制套筒上的出油孔接通之前，柱塞上的进油孔和螺旋槽均被关闭，如图 5-2 (c) 所示。随着柱塞的上升，压力室的燃油被压送到喷油器（即喷油过程），柱塞的这段行程即泵油有效行程。在柱塞总行程（由凸轮升程所决定）一定时，预行程越大，有效行程越小，泵油量越少；反之，预行程越小，有效泵油行程越大，泵油量越大，喷油量也越多。

(4) 停止喷油

当柱塞上的螺旋槽与控制套筒上的出油口连通时，压力室内的高压燃油通过柱塞上的螺旋槽排至储油室，压力室内的油压急剧下降，从而停止泵油，如图 5-2 (d) 所示。

从上述工作过程看出，泵油量的大小决定于柱塞的有效行程，而泵油有效行程又决定于开始泵油的时刻和停止泵油的时刻。开始泵油时刻决定于预行程的大小；而停止泵油时刻决定于柱塞上的螺旋槽与控制套筒上出油口的相对位置，即由调速器控制油量、控制齿条转动柱塞来实现。当柱塞与控制套筒圆周位置一定时，只要使控制套筒沿柱塞上下移动，即可改变预行程，从而改变开始泵油时刻，进而改变泵油量，同时也改变了喷油提前角。若预行程小，则泵油时刻提前，泵油量大；而若预行程大，则泵油开始时刻晚，泵油量小。

5.2.1.3 预行程控制机构

预行程控制机构，如图 5-3 所示。控制套筒在导向杆的引导下可上下移动，而控制套筒的上下移动是由预行程执行机构（螺旋电磁线圈）通过 U 形接头转动定时杆，并由其上的销钉拨动控制套筒上下移动来改变预行程的。

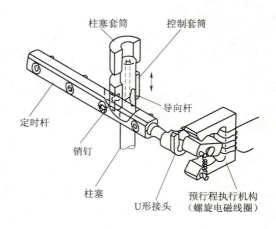

图 5-3 预行程控制机构

ECU 根据发动机的转速、负荷、冷却水温度、进气温度、进气压力（增压压力）等有关信号，计算出最佳控制参数值，控制螺旋电磁阀执行机构动作，控制预行程，并根据预行程位置传感器的反馈信号进行修正。

5.2.1.4 预行程可控式喷油泵电控系统

预行程可控式喷油泵电控系统的组成，如图 5-4 所示。控制系统的输入信号由发动机转速传感器、加速踏板位置传感器、水温传感器、增压压力传感器

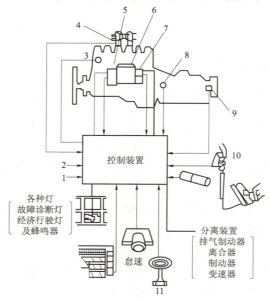

图 5-4 预行程可控式喷油泵电子控制系统

1—故障诊断开关；2—喷油量调整电阻；3—水温传感器；4—增压压力传感器；5—调速器执行器、齿条位置传感器、经济行驶速度用转速传感器；6—供油速率可调型喷油泵；7—控制套筒执行机构；8—发动机转速传感器；9—车速传感器；10—加速踏板位置传感器；11—钥匙开关

（进气压力传感器）、车速传感器、控制套筒位置传感器、齿条位置传感器等传感器产生的信号组成。执行器主要有控制套筒执行机构（螺旋电磁阀）、电动调速器、故障诊断指示灯、经济行驶灯及蜂鸣器等。系统控制功能主要有预行程控制（供油速率及喷油提前角控制）、喷油量控制、故障自诊断、经济行驶监控、自动控制车辆经济速度行驶等功能。

电子控制系统根据发动机的转速、负荷和冷却水温度等信号，由 ECU 计算并发出指令，通过螺旋电磁线圈移动控制套筒，实现对预行程的控制。

对喷油量的控制是根据发动机转速、负荷、冷却水温度、增压压力等信号，由 ECU 计算出最佳喷油量的控制参数值，并控制电动调速器改变油量控制齿条的位置来实现的。

由于改变预行程的同时也改变了喷油提前角，故系统不再单独设喷油提前角控制装置。这样能大大改善喷油提前角的响应性，提高发动机过度运转时的喷油提前角控制精度，改善低温启动性能。

5.2.2　电子控制分配式喷油泵

电子控制分配式喷油泵的组成，如图 5-5 所示，主要由电磁溢流阀控制柱塞溢流通路，以及直接控制高压燃油的溢油通路来控制喷油器。它将曲轴位置传感器和泵角传感器的信号，以及点火正时传感器的修正信号作为主信号，来驱动

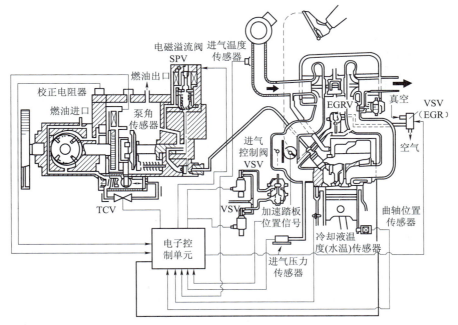

图 5-5　ECD-Ⅱ型电子控制分配式喷油泵的组成

TCV—正时控制阀；SPV—电磁溢流阀；VSV—电子式真空通道控制阀；EGRV—排气再循环控制阀

正时控制阀中活塞的位置，以实现控制喷油提前角的功能。输入信号还有加速踏板位置传感器、燃油温度传感器、水温传感器、启动开关等。

5.2.2.1 喷油量的控制

分配式喷油泵的燃油控制是通过柱塞在高压室加压，由高压油管送至喷油器，再喷入燃烧室。喷油量控制是通过柱塞控制柱塞泵高压室与低压室的通路，即溢流通路开启的时刻和改变柱塞的泵油行程（有效行程）来实现的。

图5-5所示的电子控制分配式喷油泵采用电磁溢流阀直接控制溢流的通路，它的特点是简单且控制性能好，响应速度快，能精确地控制燃油喷射量。

（1）电磁溢流阀的构造与工作原理

电磁溢流阀采用双重阀的结构形式。辅助阀为一个小电磁阀，其开闭受ECU控制；主阀为液压阀，其开闭受燃油压力控制。其结构及工作原理，如图5-6和图5-7所示。

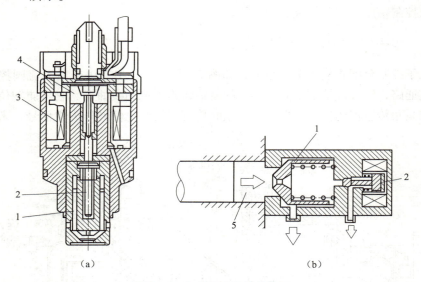

图5-6 电磁溢流阀的结构图

（a）电磁溢流阀构造；（b）电磁溢流阀主阀和辅助阀示意图
1—主阀；2—辅助阀；3—电磁线圈；4—电枢；5—高压室

① 压缩喷射（如图5-7（a）所示）：柱塞右移，高压室燃油压力升高，高压燃油经主阀上的小孔作用在主阀的右侧。此时，ECU控制辅助电磁阀线圈通电，辅助阀关闭，使主阀左右两面的燃油压力相等，但是由于主阀右边的受压面积大于左边的受压面积，即主阀右边的总压力大于左边的总压力，故在压力差以及弹簧力的作用下，主阀压紧在阀座上，将溢流通路关闭，高压室的燃油经高压油管由喷油器喷出。

② 辅助溢流（如图5-7（b）所示）：停止喷油时，ECU切断辅助电磁阀线

项目五 柴油机电控系统

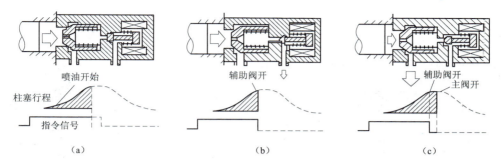

图 5-7 电磁溢流阀的工作原理图
(a) 柱塞压缩、喷油器喷油；(b) 辅助阀开启溢流；(c) 主阀开启溢流

圈中的电流，辅助电磁阀打开，主阀右边的燃油流出，使主阀右边的油压迅速降低。

③ 主阀溢流（如图 5-7 (c) 所示）：一旦辅助电磁阀打开，主阀右侧的油压将泄掉，主阀左侧高压油将主阀压开，高压室的燃油迅速流入低压室，从而使高压室油压迅速降低，喷油器随即停止喷油。

这种双重阀的控制方式，由于辅助电磁阀的质量及磁滞影响都很小，加上控制油腔的容积很小，故具有很高的响应速度。电磁溢流阀的响应特性，如图 5-8 所示。

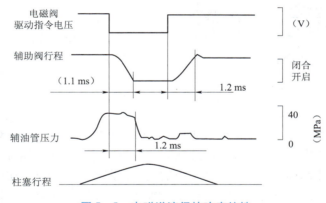

图 5-8 电磁溢流阀的响应特性

（2）喷油量控制方式

电子控制分配式喷油泵在油泵驱动轴上装有泵角脉冲发生器（泵角传感器的转子），在滚柱环上装有泵角传感器。ECU 根据泵角传感器的脉冲信号确定电磁溢流阀的控制信号，并通过控制溢流角来控制喷油量。喷油量的控制方式如图 5-9 所示。

泵角脉冲发生器的结构，如图 5-10 所示。其圆周上有 56 个齿，在 90°的间隔位置上共有 4 处各缺两个齿。两个齿间所对应的泵轴转角为 5.625°，对应的曲轴转角为 11.25°。泵角传感器输出信号波形，如图 5-11 (c) 所示。

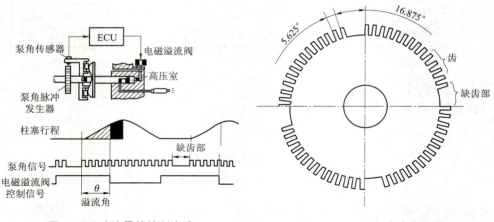

图 5-9 喷油量的控制方式　　　　图 5-10 泵角脉冲发生器

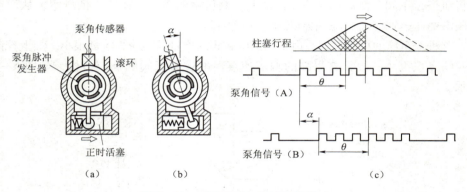

图 5-11 喷油正时与溢流角的关系

泵角脉冲发生器的每一个缺齿部之后的第一个泵角脉冲信号所对应的正好是柱塞开始泵油的位置，即端面凸轮顶起滚轮，驱动柱塞开始压缩燃油的位置，ECU 根据此泵角脉冲信号去控制溢流角的大小，即控制喷油量。在柱塞的吸油行程结束时电磁溢流阀应再次关闭。从波形图上看，在缺齿的前两个脉冲波处，电磁溢流阀线圈将通电，溢流阀关闭，为下一次喷油做好准备。

当改变喷油提前角时，端面凸轮相对于滚环的位置发生角度的偏转，从而使柱塞的压缩开始点发生变化。由于泵角传感器被安装在滚环上，随滚环一起偏转一个角度，因而泵角信号也相应偏移一个角度，如图 5-11（c）所示，但溢流角不会改变，因此喷油量不会因喷油提前角的改变而受影响，即喷油量只决定于溢流角的大小。

（3）喷油量的修正

电子控制分配式喷油泵由发动机转速和加速踏板位置传感器信号确定基本喷油量，并根据冷却水温、进气温度、进气压力等信号对喷油量进行修正，其主要修正功能简述如下：

① 燃油特性的修正控制。柴油品质、温度对发动机的工作性能有很大影响，当柴油的物理、化学性质发生变化时，对喷油量也应当相应地进行修正。

电控分配式喷油泵利用怠速控制（ISC）的修正量来测定燃油的黏度，并根据燃油黏度去控制怠速喷油修正量。当燃油温度较高或使用黏度较低的燃油时，喷油量将会减少且怠速转速将会降低。为稳定怠速转速，系统将要用较大的怠速修正量，同时系统测得这个修正量，并根据所测得的这个修正量对燃油喷射量进行最佳控制。

② 低温喷油量修正控制。发动机在低温条件下运转时，由于柴油黏度高等因素引起的摩擦损失增大，柴油机的实际输出功率降低，尤其是在低温启动后的低速运转工况下，这种影响更为明显。同时，由于进气温度低，空气密度较大，系统将根据冷却水温度和转速对喷油量进行修正控制。

③ 急减速时的修正。为防止急减速时柴油机的转速急剧降低，系统对喷油量进行修正。

④ 低速反馈控制。电控系统采用反馈控制来调节柴油机的控制偏差与状态的改变。发动机在低速运转时，系统可以随各个发动机之间的差异和运行条件的改变，随时计算低速时发动机转速的变化量，并根据转速变化量修正喷油量，以保证低速的稳定运转。

5.2.2.2 喷油提前角（喷油正时）的控制

电控分配式喷油泵通过正时活塞的移动来改变端面凸轮与滚轮的相对位置，从而实现对喷油提前角的控制；而正时活塞的位置则由加在它上面的油压大小所决定。ECU 通过控制电磁阀线圈电流的通断来控制作用在正时活塞上的油压，从而实现对喷油提前角的控制。

为了实现喷油提前角的反馈控制，系统采用正时活塞位置传感器向 ECU 传送控制的实际结果。根据曲轴位置传感器信号和泵角传感器缺齿信号的相位差，由 ECU 计算出滚环的偏转角度，确定控制的实际结果，同时在系统中还设有点火正时传感器，以检测实际点火的时刻；根据点火正时传感器信号与曲轴位置传感器信号的相位差，由 ECU 计算出喷油提前角的修正量，以排除燃油性能和大气压力变化对燃油着火点的影响，从而保证在各种工况下实现对喷油提前角的精确控制。

（1）喷油提前角的控制方式

ECU 根据泵角传感器信号和曲轴位置传感器信号来确定喷油提前角。泵角传感器向 ECU 输入燃油何时开始喷射的信号；曲轴位置传感器信号向 ECU 输入曲轴基准位置的参考信号。ECU 根据这两个信号才能确定喷油提前角，即控制喷油提前角的信号是加速踏板位置传感器信号和转速信号。同时，ECU 根据水温传感器、进气温度和近期压力传感器等信号对其加以修正。

(2) 启动正时喷油提前角的控制

启动时,发动机转速很低,曲轴位置传感器信号电压很低,系统采用开环控制方式控制喷油提前角,即 ECU 根据加速踏板位置传感器信号、转速信号和启动开关信号,控制正时控制阀(TCV 阀)来控制喷油提前角;而在正常转速时,才进入闭环控制。

(3) 点火正时传感器的结构及功用

点火正时传感器,如图 5-12 所示。燃烧室内的燃烧光通过石英导入光敏晶体三极管,转换成电信号,ECU 则根据此信号判定实际点火的时刻,并以此修正喷油提前角。

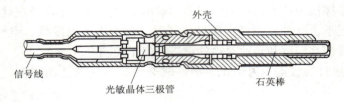

图 5-12 点火正时传感器的构造

使用点火正时传感器后,系统能检测到实际的点火时刻并相应修正喷油提前角,从而减小因大气压力的变化对发动机性能的影响。因为在其他运行条件相同的情况下,进气压力的变化将引起实际点火时刻发生变化,若此时喷油提前角不做相应修正,必然会影响发动机的性能。

使用点火正时传感器,还能使发动机的性能不受柴油品质的影响,因为在相同的运行条件下,使用不同辛烷值的柴油时,其实际点火的时刻是不同的。通过点火正时传感器检测实际点火时刻,对喷油提前角进行修正,就能消除由于柴油品质的差异对发动机性能的影响。

此外,点火正时传感器还能消除因喷油泵的机械结构的差异及其他因素引起的发动机性能的差别。因为尽管是同一类型的喷油泵,但各喷油泵之间的机械结构也多少存在差异,因此在相同的控制条件下,实际的点火时刻也有差异,在使用点火正时传感器后能减小由于这种差异所造成的对发动机性能的影响。

5.3 柴油机电控系统的故障诊断

5.3.1 故障自诊断

控制项目越多,控制系统就越复杂,故障率也就相对越高。为此,现代汽车柴油机的电控系统具有故障自诊断和失效保护功能。

5.3.1.1 故障自诊断的内容

（1）发现故障

柴油机在正常运转情况下，输入电控单元的各种传感器的电平信号是处在一定范围内的。一旦出现该范围外的信号，电控单元即诊断为故障信号；但对开环控制系统中的执行器，由于只接受电控单元信号，不反馈"执行"情况，故需设置专门电路来检测执行器的工作情况。

（2）故障分类

制造厂在设计自诊断系统时，预先根据不同的故障部位信号的输入、输出电平信号，将故障代码编制在程序中。电控单元一旦发生故障，立即按故障信号对号入座，并编上预定的故障代码。

（3）故障储存

为了给维修人员提供方便，通常将上述的故障代码存入存储器中，即使在电源钥匙开关（点火开关）断开的情况下，电控单元的存储器电源仍处在通电状态下，不会失去已存储的故障代码。

（4）故障报警

当电控单元检测到故障后，通过设置在仪表板内的报警灯向用户报警，或通过液晶显示仪直接以文字的形式向用户报警，同时还显示故障部位。

（5）应急反应

汽车在运行中如果发生故障，为了不妨碍正常行驶，电控单元通常采用应急反应措施，即利用预编程序中的代用值（标准值的电平信号）进行计算以保证正常的行驶功能，并待停车后再由用户或维修人员进行检修。

5.3.1.2 故障自诊断的工作原理

（1）传感器的故障诊断

柴油机运行时，如果传感器电压信号多次或持续一定时间超出了规定范围，则自诊断系统将其诊断为故障。如图 5-13 所示，以冷却液温度传感器的故障诊断为例，正常工作时，其输出电压应在 0.1~4.8V，如果输出电压低于 0.1 V（相当于冷却液温度高于139℃）或高于 4.8 V（相当于冷却液温度低于 -50℃）时，则系统诊断为故障信号。在"记录"故障代码、显示故障（车内仪表盘上"检查发动机灯"亮）的同时，还会采取应急反应措施，用事先存储的代用值 80℃作为冷却液温度的控制值，以防因传感器信号异常造成控制混乱而导致汽车不能行驶。自诊断随车检测系统只能诊断出该传感器有故障，故其电路发生短路或断路时，而无法确认传感器性能的好坏。对偶然出现的异常信号，自诊断系统并不立即判定为有故障，如柴油机转速为 1 000 rpm 时，转速信号会丢失 3~4 个脉冲信号，但电控单元不会判定为转速信号故障，转速信号的故障也不会存入存储器中，当然"检查发动机灯"也不会点亮。

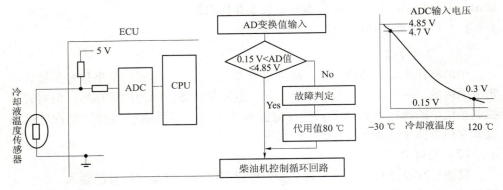

图 5–13　冷却液温度传感器故障诊断实例

(2) 执行器的故障诊断

柴油机运转时电控单元按柴油机工况的要求不断地向执行器发出各种指令，但开环控制系统中的执行器不可能反馈"执行"情况信息，需增加专用电路监视其工作情况，并对执行器故障采取相应措施。

5.3.1.3　自诊断故障码的读取

通常诊断的输出接口由检查发动机（Check Engine）警告灯、超速挡指示灯、ABS警告灯、电控单元检测插座（Check Connection）、故障诊断插座（TDCI）等组成，如图5–14所示。警告灯或指示灯作为指示有无故障的标志，一般位于汽车仪表板上，如图5–14（a）所示；电控单元检测插座一般位于发动机舱内。当将检测插座与检测端子TE对地短接后（如图5–14（b）所示），发动机警告灯会闪烁，闪烁次数即故障代码；故障诊断插座通常位于仪表板下方，它是电控系统诊断信号的专用连接器，主要用于与专用车外故障诊断仪（也称电脑解码器）相连接，进行车外诊断，以扩充随车诊断系统的诊断信息和诊断功能。它也可用于随机诊断，这时它的作用完全等同于电控单元的检测插座。

故障代码既可采用随车自诊断系统，也可采用车外诊断系统读取。

(1) 采用随车自诊断系统读取

如图5–15所示，汽车正常行驶中，若发动机警告灯持续点亮，则意味着存在故障。为读取故障代码，先将电源钥匙开关置于"OFF"，用一根导线连接故障诊断插座（或检测插座）内TE_1和E_1。在读取故障代码之前，要使柴油机处于规定的状态：蓄电池电压≥11 V；松开油门；变速器置空挡；关闭所有附属电器设备；柴油机为热机状态。在以上状态下，将电源钥匙开关置于"ON"，但不启动柴油机。读取故障码的方法有以下3种：

① 用仪表板上"检查发动机"警告灯的闪烁规律读取。若电控系统工作正常，电控单元内未存有故障代码，则警告灯以每秒5次的频率连续闪烁，如

项目五　柴油机电控系统

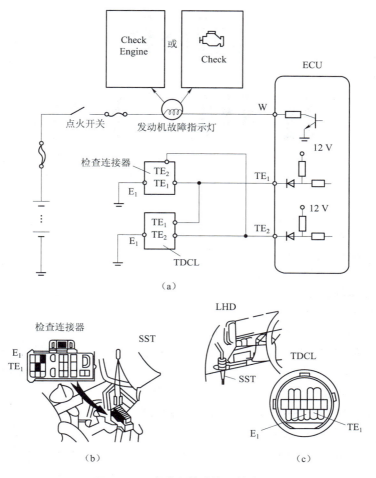

图 5-14　自诊断故障代码的读取
（a）仪表板发动机故障指示灯；（b）检查连接器；（c）TDCL 连接器

图 5-15（a）所示。若电控单元内存有故障代码，则警告灯以每秒 2 次的闪烁频率连续闪烁，并将两位数组成的故障代码的十位数和个位数，先后用警告灯的闪烁次数表示出来，如图 5-15（b）所示。若电控单元内存有若干个故障代码时，电控单元按故障代码的大小，依次将所有储存故障代码显示出来。两个故障代码之间的间歇时间为 2.5 s。当所有故障代码全部显示完后，灯闪停顿 4.5 s，然后再重新开始显示。如此反复，直至从检测插座上拔下连接导线为止。

② 用故障诊断插座上输出的电脉冲读取。这种方法是用万用表来检查故障诊断插座上故障代码输出孔中的电脉冲信号的。诊断前，柴油机所有准备工作及故障诊断插座内连接均同前。将电源钥匙开关置于"OFF"，万用表置于直流电压挡（25 V 量程），正极测笔接故障检测孔上的 W 插孔（代码输出孔）；负极测笔接地。然后将电源钥匙开关置于"ON"，但不启动柴油机，W 插孔会输出一连

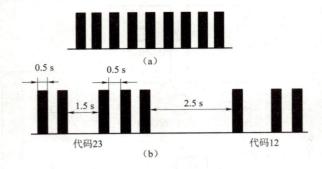

图 5-15 故障代码显示
(a) 正常；(b) 显示故障代码

串脉冲，其形式和上述"检查发动机"警告灯闪烁形式相同。通过观察万用表指针摆动规律和次数，就可以读出故障代码。

③ 用车上液晶显示检测装置读取。在一些新型汽车上，可以利用液晶显示装置，直接读取故障代码，其步骤为：电源钥匙开关置于"ON"，但不启动柴油机；同时按下"SELECT"（选择）和"INPUT"（输入）两个按钮，时间至少 3 s，这时屏幕上显示"DIAG"字样，表示自诊断系统已进入工作状态；稍等片刻，按下置位钮"SET"，时间也至少 3 s，如果电控系统工作正常，屏幕上就显示"ENG-OK"；故障代码显示于屏幕上，两个故障代码间也有 3 s 暂停时间；输完代码后，宜将电源钥匙开关置于"OFF"。

无论采用哪种方法读取故障代码，在故障排除后，均应清除电控单元内存储的故障代码，否则一旦另有故障发生，它还会随新的故障代码一起显示出来。清除的方法是：拆下车上蓄电池负极桩搭铁约 30 s，即可清除电控单元内存储的所有故障代码。

（2）采用车外诊断系统读取

车外诊断系统是用一种专用的故障诊断仪（电脑解码仪），通过插头与汽车上故障诊断插座（TDCL）连接，打开电源钥匙开关，就可以很方便地从故障诊断仪的显示屏上，读取出所有储存在电控单元中的故障代码。除此以外，它还有以下几个功能：

① 通过故障诊断仪向电控单元发出工作指令。在柴油机运转过程中或熄火状态下通过故障诊断仪可向执行器发出工作指令。例如，在柴油机运转过程中，或停止某缸喷油器的喷油；或模拟加速；或模拟各种行驶状态；或设定喷油正时；或设定怠速所需的初始状态。再如，在柴油机熄火状态下，让某个喷油器喷油，某个继电器或某个电磁阀工作。通过这些来检测执行器的工作情况，查找有故障的控制电路。因此，这种功能特别适合于检测执行器及其控制电路的故障。

② 清除电控单元内存储的故障代码。通过故障诊断仪发出指令，清除电控

单元内存储的故障代码,使故障警告灯熄灭。

③ 进行数据传送,直接读取各部分电路中的诊断参数。柴油机运行过程中,电控单元的工作情况,以及各种输入、输出信号的瞬时数值(如各种传感器信号、电控单元计算结果、控制模式以及向各执行器发出的控制指令)等,都可以串行通信方式,反映在故障诊断仪上,使整个电控系统的工作情况一目了然。检修人员可根据柴油机运行过程中控制系统的各种数据变化情况,来判断系统工作情况正常与否。它特别适用于诊断故障是因传感器故障造成的或是因连接电路开路或短路造成的。

5.3.2 失效保险

电控单元内设有监控回路,用以监控电控单元是否按正常的控制程序工作。在监控回路内设有监控时钟,按时对电控单元进行复位。当电控单元发生故障时,程序不能正常执行,时钟也就不能使电控单元复位,而造成溢出。据此便可判断为故障并予以显示。

为防止因电控单元出现故障,避免汽车被迫停止行驶,在多数电控单元内一般都具有备用电路,以提供失效保险。当监控回路内定时信号溢出后,系统进入失效保险程序的控制状态,立即起用备用电路。在备用电路中输出柴油机转速信号、油门位置信号以及启动信号等进行简易控制,在简易控制状态下的启动、油门位置变化以及其他控制均用程序设定,所对应的循环供(喷)油量、喷油提前角等为一定值。汽车则在备用电路控制下,以某种行驶模式(例如 10 km/h 车速)由驾驶员开到最近的维修站检修。

5.3.3 柴油机电子控制系统常见故障

(1) 计算机故障

虽然计算机电子控制单元一般比较可靠,不易出问题,但有时也难免出现故障。例如某集成块损坏;控制单元固定螺栓松动;某电子元件焊接头松脱以及电容元件失效等。

(2) 接插件连接故障

自动控制系统的电路引线有很多接插件,常常因为长时间使用,插件发生老化;或由于多次拆卸,造成接头松动或接触不良,造成柴油机工作不稳定,时好时坏。

(3) 传感器故障

由于传感器的零件损坏,如弹片弹性失效、真空膜片破损、回位弹簧断裂或脱落,都将不能及时、准确地反映柴油机工况,从而使电子控制系统失控或控制不正常,柴油机工作不协调,甚至不能工作。如速度传感器失效、加速踏板传感器失效、燃油温度传感器失效等都会引起柴油机工作不正常。

(4) 执行机构故障

电磁阀工作是由控制单元产生的电脉冲控制的，有时候因电磁线圈工作不良，造成柴油机工作不正常。此外，如供油齿杆、执行机构活塞、伺服阀卡死、伺服阀电路失效等都会引起柴油机的故障。

5.3.4 柴油机电子控制系统常见故障分析

柴油机电子控制系统常见故障现象有不启动、运行不平稳、功率不足、自行停车、飞车和冒黑烟及白烟等。此外，还有一些不常见（不像汽油机那样常见）的故障，如爆震或过热等。

（1）发动机不启动

发动机发生不启动故障时，判断故障步骤与汽油机基本相同，不同的是柴油机在冷启动时有预热系统参加工作，因此，需要检查与排除。

柴油机启动困难或不启动的原因是多方面的，常见的有如下几种。

① 柴油机预热时间不够，温度过低，造成启动柴油机时，排气管冒灰白烟，但不着火。

② 燃烧室内积存柴油过多。因启动前的准备工作没有做好，造成多次启动不着火，使进入燃烧室的柴油积存过多，致使启动更加困难。

③ 喷油器不喷油或喷油雾化质量太差，在摇转曲轴时，听不到喷油器的喷油响声；或用起动机启动柴油机时，排气管看不到灰白烟。

④ 燃油箱至喷油器的油路进入空气。

⑤ 供油提前角过大或过小（时间控制器有故障）。

⑥ 空气滤清器进气管全部或大部分堵塞。

⑦ 汽缸压缩压力不足，造成压缩行程终了的气体温度过低，使喷进燃烧室的柴油不能发火燃烧。

⑧ 电控单元有故障。

（2）发动机运转不平稳

发动机发生运转不平稳的故障时，要考虑发动机系统所采用的喷油系统的类型。对于不同的类型，所采用的检查与排除的方法也不同。以下以柱塞泵为例加以分析。

柴油机工作时，从排气和工作响声可听到转速忽高忽低，其原因如下。

① 电子调速器有故障，各连接件不灵活或间隙过大。

② 调速器壳体内润滑油面过高，或润滑油黏度过大。

③ 柱塞调节臂与调节拨叉间隙过大（柱塞泵）。

④ 控制套筒位置传感器有故障。

⑤ 供油拉杆（或齿杆）与拉杆衬套间隙过大，或间隙过小，运转不灵活。

⑥ 柱塞转动不灵活。

⑦ 个别缸的供油拨叉紧固螺钉松动，或齿箍与控制套松动。
⑧ 多缸柴油机的供油不均匀度过大，压缩压力不一致。
⑨ 供油提前角过大或过小，时间控制器有故障。
⑩ 个别缸的出油阀弹簧与柱塞弹簧折断，或弹力不足。
⑪ 燃油油路进入空气。
⑫ 空气流量计有故障。
⑬ 进气温度传感器有故障。
⑭ 个别缸喷油雾化不良。
⑮ 个别缸气门弹簧过软或折断。
⑯ 空气滤清器或进气管部分堵塞。

（3）柴油机功率不足

引起柴油机功率不足的原因是多方面的，几乎涉及柴油机各个机构和系统的技术状态，常见的原因如下。

① 柴油中混入水分，或油路中有空气。
② 柴油质量不合乎规定要求。
③ 空气流量计有故障。
④ 进气温度传感器有故障。
⑤ 油箱开关未完全打开，或电动输油泵有故障而供油不足，或燃油管路部分堵塞。
⑥ 喷油器喷油压力过低，或喷油雾化不良。
⑦ 喷油泵最大供油量不符合要求，或各缸供油不均匀度过大。
⑧ 供油提前角过大或过小。
⑨ 供油拉杆不能达到最大供油位置。
⑩ 空气滤清器或进气管部分堵塞。
⑪ 排气管积炭过多，或不适当地将排气管改细、加长。
⑫ 排气催化装置有故障。
⑬ 配气相位不正确。
⑭ 气门弹簧折断，或气门间隙调整不当。
⑮ 压缩压力不足。
⑯ 冷却液温度传感器有故障，柴油机温度过高或过低。
⑰ 汽缸垫或燃烧室镶块烧损。
⑱ 曲轴与轴瓦、活塞与汽缸等相对运动部件装配间隙过小或润滑不良，造成摩擦阻力增大。

（4）柴油机自行停车

柴油机在运转过程中，加速踏板在供油位置，但转速逐渐降低或突然降低，直到自行停车熄火。产生这一故障的原因，根据自行停车时转速降低的缓急程度和尾气的颜色，分别介绍如下。

① 自行停车时，转速逐渐降低，但柴油机响声和尾气颜色无异常。这类特征多为燃油系统故障引起的，如油箱无油、油路进入空气、油路堵塞等。

② 自行停车时，转速虽然也是逐渐降低，但排气管排黑烟，甚至排浓黑烟。这类情况多为空气滤清器或进气管堵塞造成的。

③ 自行停车时，转速急骤降低，排黑烟。产生这类故障的原因如下。

a. 活塞与汽缸的配合间隙过小，当柴油机温度升高后，活塞被卡在汽缸中。

b. 润滑油不足、过稀。温度升高，渗入柴油，使相对运动零件的表面润滑不良，造成烧瓦、抱轴。

④ 自行停车时，转速急骤降低，伴随异常响声。这一故障的常见原因如下。

a. 曲轴或活塞销折断。

b. 连杆螺栓折断或连杆螺母脱落。

c. 气门掉进汽缸。

（5）柴油机飞车

柴油机在运行过程中，转速突然上升，不能控制，俗称飞车或跑车。常见的原因如下。

① 调速器失灵，有故障。

② 供油拉杆（或供油齿条）在供油量最大位置卡住。

③ 空气滤清器油盘的润滑油加注过多，或露天作业时将雨水吸入油盘而使润滑油面升高。

④ 用柴油或汽油清洗空气滤清器滤网后，没有烘干就装车使用。

⑤ 其他原因造成柴油或润滑油进入燃烧室。

⑥ 调速器壳体内的润滑油面过高，或黏度过大。

柴油机飞车，将严重影响使用寿命，甚至发生破坏性事故，因此当发现柴油机飞车时，应迅速采取停油或断气方面的紧急措施，使柴油机在短时间内立即停车。

（6）喷油泵供油压力不足或不供油

喷油泵供油压力不足时，会使喷油器喷油雾化不良，造成启动困难，动力下降，排黑烟；喷油泵不供油时，会使柴油机启动不着而不能工作。主要原因如下。

① 低压油路不来油，或来油压力过低。

② 由油箱至喷油器的油路有空气。

③ 空气流量计有故障。

④ 柱塞副磨损或柱塞卡住。

⑤ 柱塞弹簧弹力不足或弹簧折断。

⑥ 出油阀封闭不严或弹簧折断。

⑦ 柱塞与调节臂的铆合处松动，向供油量小的方向位移。

⑧ 供油拉杆在不供油位置卡住。
⑨ 供油拨叉（或齿箍）松脱。
⑩ 电子调速器有故障。

（7）柴油机冒黑烟

冒烟是柴油机常见的故障，其主要原因是发动机燃烧室缺氧。任何使进气受阻的原因都会出现这一现象。

① 压缩压力不足。压缩压力不足时，会使汽缸在压缩行程终了的空气量相应减少，改变了燃油与空气的正常混合比例，从而造成油多气少，使燃油在缺氧的条件下燃烧；压缩压力不足时，还会使压缩终了的气体温度降低，这对燃油的蒸发、汽化与燃烧都会造成不利的影响；压缩压力不足还会对油雾扩散、混合气的形成造成不良影响而排黑烟。

② 空气滤清器堵塞。

③ 供油提前角过小。供油提前角过小，会使活塞在压缩行程接近上止点或越过上止点下行时，喷油器才开始喷油，从而缩短了燃油与空气的混合时间，造成燃油在燃烧室局部区域缺氧的条件下燃烧，致使燃烧不良。

④ 喷油器喷雾质量低劣或滴漏。燃油燃烧得完全与否或及时与否，与喷油器的喷雾质量关系很大。如果喷油器喷雾质量低劣，会使混合气的形成条件恶化，造成燃油燃烧不良。

⑤ 空气流量计损坏。

⑥ 供油量过大。喷油泵供油量过大，会使进入汽缸的油量增多，空气不足，造成油多气少，致使燃油燃烧不完全。

⑦ 燃油质量低劣，工作温度过低或超负荷运行。

（8）发动机冒白烟

白烟又分为灰白烟和水汽白烟两种，分述如下。

① 冒灰白烟。进入汽缸的燃油燃烧不良，部分燃油蒸发为燃油蒸气，随废气排出。

a. 喷油器针阀在开的位置卡住。

b. 喷油器喷油雾化不良。

c. 供油提前角过小。

d. 压缩压力严重不足。

e. 工作温度过低。

f. 节温器损坏。

g. 冷却液温度传感器损坏。

h. 预热系统有故障。

② 冒水汽白烟。水汽白烟是水分进入燃烧室受汽化而形成的，主要原因如下所列。

a. 燃油中有水。
b. 汽缸垫烧毁。
c. 汽缸或汽缸盖裂纹。
d. 柴油机工作温度过低。

（9）发动机冒蓝烟

发动机冒蓝烟，是因为润滑油进入汽缸，因受热蒸发而成为蓝色油气，并随同废气一起排出汽缸。在排气管口上部观察为蓝色烟气，主要原因如下所列。

① 润滑油沿气门与导管之间的间隙下漏，进入汽缸。
② 润滑油沿活塞与汽缸之间的间隙上窜，进入汽缸。
③ 燃油中混入润滑油。
④ 在机体通向汽缸盖油道附近的汽缸垫烧毁。

（10）爆震

柴油发动机不经常发生爆震，因为在喷油之前燃烧室内没有燃油，也点不着火。如有爆震，可能原因如下所列。

① 喷油正时不对。
② 燃油标号不对。
③ 喷油器漏油。
④ 烧机油（还可能造成发动机失控）。

项目六 柴油机冷却系统

6.1 概述

发动机冷却系统的主要任务是使工作中的发动机维持正常的工作温度。发动机在工作中,气体燃烧产生的部分热量不可避免地传给发动机机体,从而使得发动机机体温度升高,充气系数下降,影响发动机的动力性;同时,过高的温度会使润滑油黏度下降,导致发动机润滑不良;高温使机件之间的配合间隙过小,影响发动机的正常工作,因此必须对发动机进行适度的冷却。发动机温度过低,对发动机的正常工作也是不利的。发动机的冷却强度可以根据发动机工作温度进行调节,以维持发动机适宜的工作温度。

汽车发动机采用强制循环水冷式冷却系统。冷却液在水泵的作用下,在发动机水套与散热器之间循环流动。冷却液在水套内吸收发动机机体的热量而使温度升高,在散热器内进行散热,散热后的冷却液温度下降,然后被水泵重新送入水套内对发动机机体进行冷却。

6.2 冷却系统的组成及工作原理

6.2.1 冷却系统的组成

如图6-1所示,柴油机冷却系统的组成如下所述。

水套:水套分为缸体水套和缸盖水套,其中缸体水套是缸体与缸套之间的空腔,缸盖的空腔形成缸盖水套;缸盖水套主要分布在燃烧室的周围。缸体水套与缸盖水套通过小孔连通。

柴油发动机构造与维修

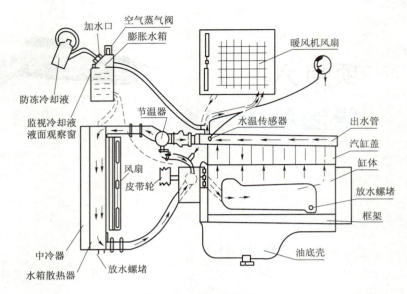

图 6-1　冷却系统的组成

分水管：有些发动机设有分水管，分水管的入口与水泵出水口连通，管体插入缸体水套内。管体上的出水口将冷却液均匀分布于水套内，以便对所有汽缸进行均匀冷却。

水泵：水泵固定于发动机缸体的前端，由发动机曲轴通过 V 形带驱动。水泵的进水口通过软管与散热器下水室连通，水泵的出水口直接与分水管或者水套连通。

散热器：散热器位于发动机前端，用来对冷却液进行散热。散热器的上水室通过软管与发动机缸盖上的缸盖水套出水口连通，下水室与水泵连通。

风扇：风扇位于散热器后端面与发动机缸体之间，以加强散热器对冷却液的散热能力。大多数载重汽车的风扇通过风扇离合器，由水泵带轮驱动。

6.2.2　冷却液的循环

冷却液的循环路线有以下两条。

① **大循环**：从水泵输出的冷却液经分水管进入缸体水套，经缸体与缸盖之间的小孔进入缸盖水套。冷却液从汽缸壁和燃烧室吸收热量后，温度升高，经缸盖水套出水口进入出水管。出水管经过节温器、软管与散热器上水室连通，冷却液通过节温器、软管进入散热器上水室。上水室内的冷却液经过散热器芯散热后，温度降低，进入散热器下水室。进入散热器下水室的冷却液在水泵的抽吸下，进入水泵，经水泵加压后重新进入水套。

② **小循环**：当发动机温度较低时，从发动机水套流出的冷却液经节温器、旁通管直接进入水泵，并重新进入水套。由于没有经过散热器散热，冷却液的温

度没有降低，以便发动机的工作温度尽快提高。

6.2.3 冷却强度的调节

冷却系统设有冷却强度调节装置，根据发动机的工作温度，调节冷却强度，使发动机维持在一个适宜的工作温度。冷却强度的调节通常有以下两种。

（1）调节冷却液的循环路线

根据冷却液的温度，通过节温器调整冷却液的循环路线。如大循环、小循环和混合循环等。

（2）调节散热器的散热强度

根据发动机的工作温度，通过风扇离合器调整风扇转速，使通过散热器的空气流速、流量根据发动机的温度而变化，继而调节散热器的散热强度。

以上两种方式为自动调整。驾驶员还可以通过改变百叶窗的开度，改变通过散热器的空气量。

6.3 冷却系统零部件

6.3.1 水泵

水泵对冷却液进行加压，维持其在冷却系统内快速循环流动。发动机采用离心式水泵，结构简单，尺寸小，排水量大。

（1）离心式水泵的工作原理

离心式水泵由泵体，叶轮和进、出水管组成。进水管位于水泵中央，出水管位于水泵外缘，叶轮在外力带动下旋转。当叶轮旋转时，水泵中的冷却液随叶轮一起旋转、加压，在离心力的作用下，向叶轮的边缘甩出，经出水管输出水泵。叶轮中央处由于压力降低，产生真空吸力，将散热器中的冷却液源源不断地吸入水泵。

（2）汽车发动机水泵结构

如图 6-2 所示，泵壳分成泵腔和轴承座孔两部分。位于泵腔内的叶轮固定于水泵轴，水泵轴通过两个轴承支撑于泵壳轴承座孔内。在泵腔与轴承座孔之间，设有水封，防止泵腔的冷却液沿水泵轴渗漏而进入轴承座孔。

水泵轴的轴向定位与固定是通过向心推力轴承实现的。内侧轴承内圈的内侧抵住轴肩，两个轴承内圈之间设有隔离套筒，通过半圆键安装于水泵轴的皮带轮凸缘盘内侧抵住外侧轴承内圈，被螺母紧紧固定于水泵轴。上述结构使两个轴承的内圈固定于水泵轴上，内侧轴承外圈被泵壳轴肩定位，阻止水泵轴向上、向内

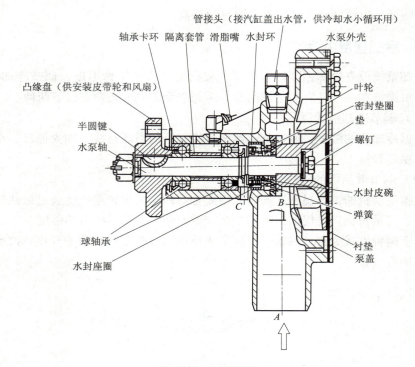

图 6-2 水泵结构

侧移动;外侧轴承外圈被卡环固定于壳体内,阻止水泵轴向上、向外侧移动。

水泵轴承用润滑脂润滑,泵壳上安装有油嘴,以定期进行润滑。轴承两侧设有油封,防止润滑脂流失。

有些柴油机直接在正时齿轮室壳体上加工出水泵的泵腔,轴承座孔部分通过螺栓固定于正时齿轮室的壳体上。

(3)水泵的安装与连接

水泵进水管通过软管与散热器下水室连通,冷却液直接进入水泵腔室的中央部位。在水泵中央部位安装有管接头,通过旁通管与节温器副阀门连通。从副阀门流出的冷却液通过该管接头直接进入水泵腔室。水泵腔室后侧用泵盖封闭,泵盖上的出水口正对水泵泵腔的出水室。将水泵固定于发动机后,泵盖上的出水口与水套的分水管进水口对接。在泵壳的油封与轴承座孔之间设有泄水孔,当水封有少量的水滴泄漏时,可以从该孔泄出。若当发动机熄火后仍然有水泄出,则应拆开水泵进行修理。

6.3.2 散热器与膨胀水箱

散热器总成安装在车架上,用来对从发动机水套流出的高温冷却液进行散热,使之温度降低,继续循环使用。散热器由上水室、下水室和连接上、下水室的散热器芯组成。上水室设有水箱盖，但平时水箱盖不打开。上水室的进水管接头通过软管与水泵进水管连通。下水室设有放水开关，用来放掉散热器中的冷却液。散热器芯由很多纵向布置的连接上、下水室的扁平水管组成，水管间的间隙为气流通道，用来对水管内的冷却液进行冷却。为增大散热面积，在水管外面装入了很多横向散热片。

膨胀水箱用透明塑料制成，安装位置高于散热器。膨胀水箱的上端通过出气管，分别与散热器上水室和发动机出水管连通，其下端通过补充水管与水泵进水口连通。膨胀水箱设有加液口，用来补充冷却液。

当冷却系统产生蒸汽后，蒸汽从出水管或者散热器上水室进入膨胀水箱上部空间。由于膨胀水箱温度低，蒸汽冷凝。膨胀水箱还通过补充水管将冷却液送入水泵进水口，以保持水泵进水口处的高压。膨胀水箱可以使水气分离，避免冷却液的损失。同时，还可有效地防止柴油机汽缸套穴蚀的产生。

6.3.3 节温器

节温器是一个由发动机冷却液温度控制的阀门，位于发动机缸盖出水管与软管连接处，用来控制冷却液的循环路线。目前，发动机上采用蜡式节温器。

（1）节温器的结构

如图6-3所示，节温器的上支架上有孔与通往散热器上水室的软管相通，下支架上有孔与出水管相通。出水管同时与通往水泵进水口的旁通管相通。上、下支架通过阀座连成一体，并固定于出水管内。上支架固定有中心杆，中心杆上套装有可以沿中心杆上下移动的感应体。主阀门位于感应体上部，用来控制出水管与软管之间的通路。副阀门位于感应体的下部，用来控制出水管与旁通管之间的通断。两个阀门通过弹簧单向固定于感应体，随感应体外壳同步移动。

感应体由外壳、胶管和外壳与胶管之间的石蜡组成。胶管套装在中心杆上，中心杆的下端为圆锥面结构。

（2）节温器的工作过程

当发动机温度很低时，感应体内的石蜡凝固成固态，体积缩小，弹簧的弹力将主阀门连同感应体、副阀门一起向上推，直至主阀门完全关闭，副阀门完全打开。此时，出水管内的冷却液通过副阀门进入旁通阀，完全进行小循环，如图6-4所示。

当冷却液温度达到349 K时，石蜡随着温度升高而逐渐变成液态，体积随即增大。石蜡体积增大产生对胶管的推力，推力作用于中心杆锥面上，产生使胶管下移的作用力。在此力作用下，感应体与阀门下移，主阀门开始打开，副阀门开度开始缩小。此时，冷却液同时进行大、小循环。大、小循环的比例与冷却液温度有关，温度越高，主阀门开度越大，副阀门开度越小，大循环的冷却液也就越多。

柴油发动机构造与维修

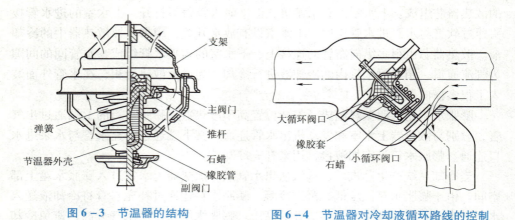

图 6-3 节温器的结构　　　　图 6-4 节温器对冷却液循环路线的控制

当冷却液的温度达到 359 K 时，主阀门完全打开，副阀门完全关闭，冷却液全部进行大循环。

6.3.4　风扇离合器

风扇离合器位于冷却系统风扇与驱动装置（水泵带轮）之间，用来根据发动机的工作温度控制风扇的转速。常见的风扇离合器有硅油风扇离合器和电磁风扇离合器，如图 6-5 所示。

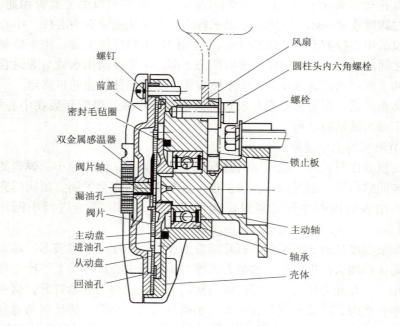

图 6-5　硅油风扇离合器

(1) 硅油风扇离合器

离合器的主动部分：主动轴通过螺栓固定于水泵皮带轮上，主动盘固定于主动轴的端面上。主动轴与主动盘形成离合器的主动部分，随水泵叶轮同步旋转。

离合器的从动部分：从动部分由离合器盖、离合器壳体和通过螺栓固定于前盖与离合器壳体之间的从动盘组成，风扇固定于离合器壳体上。离合器壳体通过轴承，支承于主动轴上。安装后的离合器，主动盘位于从动盘与离合器壳体之间的腔室内。主动盘的后端面通过密封毛毡圈与离合器壳体接触，前端面与从动盘有一定的间隙。

感温器与阀片部分：在离合器前盖与从动盘之间，设有可以转动的阀片。阀片固定于阀片轴上，阀片轴伸出前盖，与双金属感温器连接。双金属感温器呈卷绕状，外端固定于前盖上，内端固定于阀片轴上。从动盘上设有进油孔，温度低于338 K时，阀片将进油孔封闭。

从动盘的边缘开有回油孔，中心部位有漏油孔。离合器主动盘与从动盘之间的间隙，被称为工作腔；从动盘与前盖之间的间隙，被称为储油腔，腔内充有硅油。

(2) 硅油风扇离合器的工作原理

进油孔关闭：当发动机温度低于338 K时，阀片将进油孔关闭，工作腔内没硅油。此时，主动盘通过密封毛毡圈带动离合器壳体和风扇缓慢旋转。

进油孔打开：当发动机温度高于338 K时，感温器产生变形，带动阀片轴和阀片旋转，将进油孔打开，储油腔内的硅油进入工作腔，旋转的主动盘通过硅油带动从动盘快速旋转起来。由于是液压传动，从动部分及风扇转速总是低于主动轴的转速。工作腔内的硅油受离心力的作用，被甩向工作腔外缘，通过回油孔回到储油腔内，储油腔内的硅油又通过进油孔补充到工作腔，因此硅油在工作腔与储油腔之间循环流动。

为防止阀片反向旋转过度，在低温时将进油孔打开，在从动盘上设有凸台，对阀片进行反向定位。为防止停车后硅油从阀片轴的间隙泄漏，在从动盘中心部位设有直径大于阀片轴轴径的泄油孔。

如果离合器发生硅油泄漏而导致离合器失效时，可以将离合器壳体上的锁止板插入主动轴上相应的孔内，并用螺栓固定。此时，主动轴通过锁止板直接带动风扇转动。

(3) 电磁风扇离合器

离合器结构：离合器通过螺栓固定于水泵轴上。如图6-6所示，离合器的主动部分包括电磁壳体、电磁线圈和摩擦片，随水泵轴同步旋转。离合器的从动部分包括固定成一体的风扇、风扇毂和衔铁环，通过轴承支承于电磁壳体上。导销固定于风扇毂上，衔铁环可以沿导销做一定的轴向移动，弹簧将衔铁环向风扇方向拉回。电磁线圈通过温控开关与电源接通。

离合器的工作原理：当发动机工作温度低时，温控开关的电源不通，电磁线圈没有电流通过，离合器处于分离状态，风扇不转。当发动机工作温度升高到使温控开关电路接通时，电磁线圈电路接通，产生磁力，将衔铁环吸向摩擦片并与摩擦片压紧，离合器接合，风扇与水泵轴同步旋转。

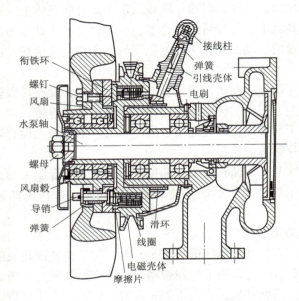

图6-6 电磁风扇离合器

6.3.5 风扇及皮带轮张紧装置

风扇位于散热器后面，旋转时产生的吸力，使通过散热器芯的气流速度显著增大，从而提高了散热效果。风扇常用工程塑料冲压而成，有4个或者6个叶片，叶片平面与风扇旋转平面有一定的夹角。风扇叶片之间的夹角并不相等，主要是为了减少风扇的振动与噪声。为增大风扇的扇风能力，从而将风扇叶片端部弯曲；同时，在风扇周围设有护围。

曲轴通过V形带驱动水泵旋转。当工作一段时间后，由于橡胶带的长度增加，导致出现皮带打滑的现象，因此必须进行调整。通常，水泵带轮与发电机带轮共用一根皮带，发电机支架可以移动。调整皮带松紧度时，将发电机支架固定螺栓松开，将发电机外移。当发电机外移到使皮带的松紧度合适时，固定住发电机支架即可。

6.4　冷却液的故障诊断与检修

6.4.1　冷却系统常见故障的诊断与排除

（1）发动机过热

造成发动机过热的非冷却系统原因很多，属于冷却系统的原因如下所述。

① 由于芯管大量折断、散热片大量倒伏等原因造成的散热器散热面积不足。

② 水泵泄漏严重或者叶轮脱落等造成的水泵工作能力下降，或者不工作。

③ 水泵皮带调整不当使皮带过松。

④ 节温器失效造成冷却液只能进行小循环。

⑤ 风扇离合器硅油泄漏或者温控器失效，造成风扇转速过慢或者不能转动等。

⑥ 由于各种原因造成的冷却系统容量不足，使冷却液过少等。

（2）冷却液异常消耗

冷却液异常消耗的原因如下所述。

① 冷却系统存在泄漏部位，使冷却液大量流失。

② 汽缸盖固定螺栓松动，使冷却液从汽缸垫处流失；冷却系统密封不良，蒸发后的冷却液排出冷却系统。

（3）膨胀水箱"反水"

发动机在运转过程中，持续从膨胀水箱排水管中向外排出冷却液。其主要原因有发动机过热，或者散热器部分堵塞等。

6.4.2　冷却系统的检修

（1）水泵的修理

水泵出现泵水能力不足、漏水以及水泵轴摇头严重时，应对水泵进行修理。

水泵的拆卸：水泵拆卸解体时，对带轮、轴承、叶轮等均应使用专用工具进行拆装。对油封、水封等部件也应仔细拆下，避免损坏。

零部件的检验：水泵解体后，应对零部件进行检验，如不符合规定，应更换零部件。水泵零部件的检验有以下内容：

① 壳体、叶轮及带轮不能有裂纹与损伤；叶轮轴孔的磨损应在规定范围内；壳体与盖的接合平面变形过大时，应进行修整，防止装配后出现漏水现象。

② 水泵轴不应有弯曲变形，轴颈磨损程度应在规定范围内，轴端螺纹无损伤。

③ 检查轴承间隙，应在规定范围内。

④ 检查油封与水封，如出现损伤，应进行更换。

水泵的装配：装配水泵前，应测量各配合副轴颈与孔的尺寸，以便确定其配合间隙是否在规定范围内；水泵装合后，应检查：叶轮边缘与壳体内壁之间的间隙、叶轮端面与泵盖之间的间隙。

在装配过程中，按规定力矩与顺序拧紧全部螺栓，需要锁紧的螺栓要进行可靠锁紧；装配后的水泵要用润滑脂通过注油嘴加注，以进行润滑。

水泵装合后，泵轴转动应灵活无卡滞，叶轮与泵壳间无擦碰。

（2）散热器的修理

散热器的检查主要是渗漏检查，可以向散热器内充入 50~100 kPa 的压缩空气后进行密封，然后放入水中，检查渗漏部位。散热器存在渗漏时，可以进行焊接修理。有时，可能存在由于芯管漏水而临时将漏水芯管折断堵漏的现象。如果折断的芯管过多，则会造成散热器的散热能力下降，故应仔细对芯管进行检查。

（3）硅油风扇离合器的修理

离合器外观检查：应检查离合器表面有无硅油渗漏的痕迹；双金属感温器有无断裂、脱层开裂、裂纹等现象。

离合器的转动试验：发动机熄火 12 h 后用手转动风扇叶片时，应有明显的转动阻力；发动机启动 1~2 min 后熄火，转动风扇，阻力应明显减小。

离合器的解体检验：将离合器解体后，仔细检查轴承、密封毛毡圈和阀片的工作情况，尤其是阀片，必须能全关与全开。

离合器装配后的试验：将离合器装配好后，可在试验台架上对离合器进行试验。试验时，将双金属感温器拆下，将主动盘的转速提高到 3 000 r/min，从动盘的转速与主动盘的转速差应在 3%~5%；若转速差大于 7%，则可适当向储油腔内补充硅油。将离合器安装好后，应进行接合与分离的温控试验，以测量离合器能否在规定温度下分离与接合。

（4）节温器的检验

如图 6-7 所示，将节温器放入水中，对水进行加热。一边用温度计测量水的温度，一边观察节温器主阀门的打开温度。若阀门打开时的温度不符合要求，则应更换节温器。

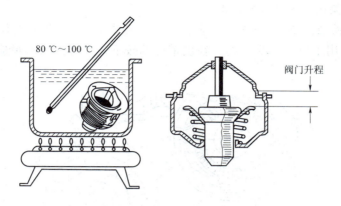

图 6-7 加热试验节温器性能

6.4.3 冷却系统的维护

（1）一般检查

对发动机冷却系统的维护与检查，主要有以下内容。

① 检查百叶窗叶片，若发生锈蚀，则会造成开闭不灵，影响驾驶员对发动机温度的调节。

② 检查散热器是否存在渗漏，有否芯管被过多折断的现象，是否出现过多倒伏等。所有上述情况，都会影响发动机冷却液的正常散热，而使发动机出现过热。

③ 检查散热器盖的密封情况，散热器盖应密封可靠，否则会造成冷却液泄漏、蒸发，从而出现由于冷却液不足而造成的发动机过热。

④ 检查风扇叶片有无变形、开裂现象，风扇叶片的变形与开裂会造成风扇噪声和振动。

（2）水泵检查

对水泵进行检查时，观察水泵泄水孔有无液体流出，若有液体流出，说明水泵水封损坏，应拆卸水泵进行修理。检查水泵带轮是否出现摇晃现象，带轮出现摇晃，可能是轴承松旷或者带轮固定螺母松动等原因造成的。带轮出现摇晃现象时，必须马上进行拆卸修理，避免风扇叶片因摇晃而将散热器芯管打坏。检查水泵是否存在异响，若水泵出现异响，应马上对水泵进行拆卸修理。

（3）风扇离合器的检查

当发动机出现过热，而又没有其他原因时，应观察风扇的转速，必要时用温度计检查离合器的接合与分离温度。若风扇转速与水泵转速相差过大，应加注硅油；若加注硅油后转速仍然过低，则应拆卸、检修离合器。

(4) 水泵皮带松紧度的检查

应经常检查皮带的松紧度,防止由于皮带打滑而使水泵工作不良。如图 6-8 所示,用手以 9~29 N 的力在皮带中部按下,皮带的下移量应以 3~6 mm 为宜。

图 6-8 水泵皮带松紧度的检验

(5) 冷却系统泄漏检查

容易发生泄漏的部位有:水泵水封处、散热器、冷却管路接头处、散热器盖、防水开关和缸垫等。当冷却系统的冷却液经常损耗时,应对这些部位仔细检查,找出泄漏部位。

项目七 柴油机润滑系统

7.1 概述

发动机在工作过程中互相摩擦的零部件很多，如曲轴轴颈与轴瓦、活塞与汽缸壁等，摩擦导致运转阻力增大、零部件的磨损增加；摩擦产生的热量会使零部件的温度升高，使零件表面烧损，破坏正常的配合间隙，使发动机不能正常工作，因此必须对发动机进行润滑。

7.1.1 润滑系统的作用

发动机润滑系统的主要功用是润滑。润滑作用是在互相摩擦的零件表面形成一层润滑油膜，将零件金属表面隔开，使得两零件之间的摩擦阻力减小、磨损减轻。除润滑作用外，润滑系统还具有冷却零件表面、对零件表面进行清洁、防止零件腐蚀、对两零件之间的微小间隙进行密封等作用。

7.1.2 发动机的润滑方式

发动机各零件表面的润滑方式有多种，主要类型有下面几种。

（1）压力润滑

对于曲轴轴承、凸轮轴轴承等承受载荷大、运动速度高的零部件，润滑系统利用机油泵，将具有一定压力的润滑油连续不断地送到摩擦表面间隙中，使之在零件表面形成具有一定强度的油膜，以保证零部件间的润滑。

（2）飞溅润滑

利用飞溅起的润滑油油滴和油雾，对裸露在外的摩擦表面进行润滑，如汽缸壁、活塞销、配气机构的一些零部件等。

（3）定期润滑

定期对一些零部件加注润滑脂，进行润滑，如水泵轴承、发电机轴承等。

7.2　润滑系统的组成与润滑系统的油路

7.2.1　润滑系统的组成

润滑系统主要由以下部件组成。

（1）机油泵

用来在润滑系统油路内建立起足够的油压，使润滑油在润滑系统内不断循环，对零部件进行润滑。

（2）油底壳

用来储存机油，对机油进行散热。

（3）机油滤清器

机油经过一段时间使用后，会产生一些油泥，外界的杂质和零部件的磨屑也会进入机油。机油滤清器对机油进行过滤，防止油泥与杂质进入油道，以避免造成发电机磨损或者堵塞油道。

（4）机油冷却器

大型柴油机的热负荷较大，机油温度较高，必须设有机油冷却器或者散热器对机油进行冷却散热。

（5）主油道

发动机缸体上铸有主油道，通过主油道可将机油送到各摩擦表面间隙处。

为保证润滑系统正常工作，润滑系统还设有各种阀类，如限压阀、旁通阀等。

7.2.2　润滑系统的工作过程

（1）润滑系统的油路

图 7-1 为柴油机润滑油路示意图。

发动机采用内燃机油（简称机油）进行润滑，机油储存在固定于发动机缸体下端面的油底壳内。机油泵由正时齿轮驱动旋转。集滤器安装在机油泵进油孔处，对进入机油泵的机油中的大杂质进行过滤。从机油泵出油孔输出的机油进入机油滤清器，过滤掉杂质后，进入机油冷却器进行冷却。冷却后的机油进入发动机的纵向主油道，通过油道输送机油，对需要润滑的零部件进行润滑。

（2）压力润滑部位

通过横向油道，进入曲轴各道主轴承间隙，对主轴承进行润滑；同时，通过曲轴内部的斜向油道，机油进入连杆轴承间隙，对连杆轴承进行润滑。

进入正时齿轮室，对正时齿轮室内的各齿轮进行润滑。

项目七　柴油机润滑系统

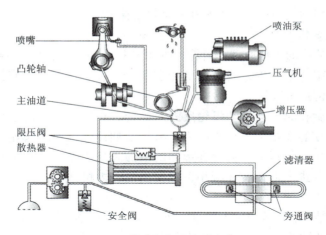

图 7-1　柴油机润滑油路示意图

对凸轮轴轴承进行润滑。凸轮轴轴承座孔处设有油道与配气机构中空的摇臂轴连通，通过该油道，对摇臂进行润滑。

对废气涡轮增压器、空气压缩机、喷油泵等部位进行润滑。

（3）飞溅润滑部位

从各轴承间隙处喷射出的滴状和雾状机油，落在暴露零部件的表面，如汽缸壁、活塞销等处，对这些部位进行飞溅润滑。为了使活塞销处润滑可靠，同时对活塞进行冷却，主油道设有喷嘴，对活塞底部进行喷油润滑、冷却。

（4）润滑油路压力的保证

在机油泵上设有限压阀（又称安全阀），当机油泵输出压力较高时，限压阀打开，将机油直接送回油底壳，防止进入主油道的机油压力过高。滤清器、冷却器等处的进油孔与出油孔之间设有旁通阀。当上述装置堵塞造成通过能力下降时，旁通阀打开，机油直接进入主油道，以保证主油道的机油压力。主油道上设有溢流阀，当主油道压力过高时，溢流阀打开，机油直接流回油底壳。

为了驾驶员随时监视、了解机油的压力和温度，在主油道上设有机油压力传感器，在集滤器上设有机油温度传感器；同时，在驾驶室仪表盘设有机油压力表和机油温度报警装置。

7.3　润滑系统的主要零部件

7.3.1　机油泵

机油泵的结构分成齿轮式和转子式两种。机油泵通常安装在发动机曲轴箱内，有些重型柴油机的机油泵安装在发动机缸体外。

(1) 齿轮式机油泵

齿轮式机油泵的工作原理：齿轮式机油泵由泵体、齿轮和泵盖组成。一对互相啮合的齿轮位于泵体内，齿轮两端分别是进油腔和出油腔，有油孔与外界连通，泵盖用来密封泵体腔室。

主动齿轮旋转时带动从动齿轮反方向旋转。在进油腔，由于齿轮脱离啮合的方向运动而使容积增大，产生吸力，将机油抽进进油腔。齿轮在旋转时，轮齿从进油腔向出油腔运动，把存在齿间的机油源源不断地带到出油腔。在出油腔，由于轮齿的进入而使容积减小，致使出油腔内机油的压力升高，并被压出机油泵。

机油泵的结构：如图 7-2 所示，机油泵的主动轴支承于油泵壳体座孔内，可以转动。主动轴的后端通过键和钢丝挡圈，安装固定着主动齿轮。主动轴的前端伸出壳体，上面通过键固定安装驱动齿轮，与曲轴正时齿轮啮合传动。从动轴固定于油泵壳体，上面松套着从动齿轮。前、后泵盖分别固定于油泵壳体的前、后端面，将油泵泵腔密封起来。

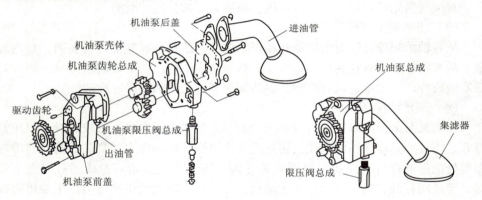

图 7-2 齿轮式机油泵的结构

进油管安装于泵体一侧，与机油泵的进油腔连通。集滤器固定在进油管的端口，对进入机油泵的机油进行过滤。机油泵出油腔与前端盖的出油管连通，出油管直接与缸体主油道连通。限压阀安装于出油管一侧。

在泵盖内侧与齿轮啮合部位相对的位置，开有卸荷槽，用来将齿轮啮合间隙中的机油导出，防止产生对齿轮轴的压力。油泵壳体与泵盖之间，设有金属垫片，既可防止油泵漏油，又可对齿轮端面与泵盖之间的间隙进行调整。

(2) 转子式机油泵

转子式机油泵的结构：如图 7-3 所示，机油泵主要由壳体、外转子和内转子组成。主动轴上通过键固定内转子，主动轴的伸出端装有传动齿轮，与正时齿轮啮合传动。内转子有 4 个外齿，与有 5 个内齿的外转子啮合，外转子的外圆柱面与壳体内圆柱面配合。内、外转子之间有一定的偏心距,内转子带动外转子转动。机油泵壳体上设有进油孔与出油孔,盖板将泵腔封闭。

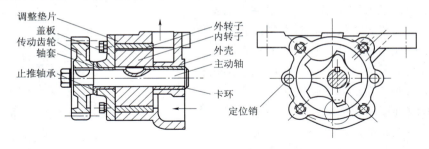

图 7 - 3　转子式机油泵的结构图

转子式机油泵的工作过程:内、外转子相互啮合,形成 4 个互相封闭的腔室。外转子转速慢于内转子,使得每个腔室的位置和容积大小在转子旋转的过程中不断变化。当腔室与进油孔开始接通时,腔室容积开始增大,产生吸力,将机油吸入腔室;当腔室开始与出油孔接通并与进油孔断开时,腔室容积开始变小,机油压力升高,从出油孔输出。

7.3.2　机油滤清器

发动机机油滤清器包括机油集滤器和机油滤清器。

(1) 机油集滤器

机油集滤器与进油管相连,固定于机油泵的进油孔中。集滤器主要由喇叭形的吸油孔和覆盖吸油孔的滤网组成。滤网可以拆卸,用卡环固定于吸油口。集滤器位于油面下方,可防止吸油时吸入泡沫,以避免影响机油泵的泵油量。

(2) 机油滤清器

滤清器的结构:滤清器安装固定于发动机缸体上,如图 7 - 4 所示,由外壳、滤清器座组件和滤芯等组成。外壳通过卡圈与卡圈固定螺栓固定于滤清器座组件上,组件则固定于发动机缸体一侧。滤芯安装于外壳滤芯底座与组件端面之间。组件上设有进油孔与出油孔,分别与缸体上的油道连通。

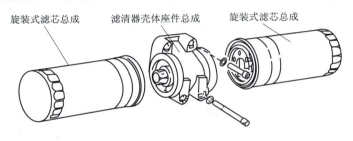

图 7 - 4　机油滤清器

滤清器的工作过程：滤清器工作时，机油通过进油孔进入壳体与滤芯之间，经过滤芯过滤后，进入滤芯芯筒，经组件上的出油孔进入主油道。更换滤芯时，将外壳从组件上拆下，换上新滤芯，重新装上外壳即可。

目前，采用自带外壳的纸质滤芯结构越来越多。滤芯为纸质折叠机构，外壳与端盖通过螺纹连接。更换时，用专用扳手将外壳旋下，换上新滤芯即可，无须清洗。

在滤清器的进油孔与出油孔之间，安装有旁通阀。若滤清器没有及时保养而发生堵塞时，旁通阀随即打开，机油直接从进油孔进入出油孔，以保证主油道的机油畅通。

有些发动机将机油冷却器与机油滤清器制成一体，其结构如图7-5所示。

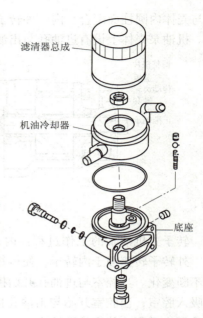

图7-5　带机油冷却器的机油滤清器

7.3.3　机油冷却器

大功率的柴油机由于热负荷大，在滤清器与主油道之间设有机油冷却器，利用冷却系统的冷却液对机油进行冷却，以防止机油温度过高。

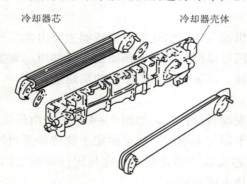

图7-6　机油冷却器

机油冷却器固定在发动机缸体一侧，如图7-6所示，由芯子和壳体组成。芯子由很多散热管和散热片组成，与两端的进、出水腔连通。冷却系统的冷却液在冷却管内流动，机油在管外流动。从机油泵输出的机油进入冷却器，经过冷却的机油从冷却器输出，并进入主油道。

在冷却器的进油孔与出油孔之间设有旁通阀。当机油温度过低，导致黏度增加，而流动不畅时，旁通阀随即打开，机油不经冷却器，而直接进入主油道。

7.3.4　曲轴箱通风系统

发动机在工作过程当中，汽缸内的混合气、燃烧后的废气等不可避免地会通过汽缸间隙漏入曲轴箱内。这些气体对机油的污染很大，会造成机油的使用寿命下降。曲轴箱通风系统将空气引入曲轴箱，并将曲轴箱内的有机气体排出，如图

7-7所示。

曲轴箱通风系统的小型空气滤清器安装在汽缸盖的罩盖上,空气经过过滤后进入曲轴箱。进入曲轴箱内的空气将曲轴箱内的有机气体排出,通过曲轴箱通风管,进入发动机进气管,最后进入汽缸内。为了使发动机低速时运转稳定,在曲轴箱通风管上设有通风单向阀。当发动机转速较低时,单向阀关闭,只有很少的曲轴箱气体进入进气管;当

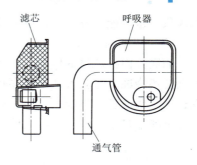

图7-7 呼吸器结构

发动机转速增大时,单向阀打开,曲轴箱内大量的气体进入进气管内。增压柴油机的通风管与增压器的吸气端连通。

有些柴油机采用自然通风的方法,即在柴油机缸体一侧,设有呼吸器。呼吸器的上端与曲轴箱相通,下端呼吸管直接与大气相通。呼吸管采用向后的斜切口,利用汽车行驶中发动机周围气流产生的真空吸力,将曲轴箱内的气体吸出。

7.4 润滑系统的故障诊断与检修

7.4.1 润滑系统的常见故障

(1) 发动机机油压力过低

发动机机油压力过低是指发动机在运转过程中,机油压力达不到规定值;或者发动机启动后,机油压力迅速下降至零。柴油机尤其是增压柴油机,对机油压力要求很严,若机油压力达不到规定值,则容易造成发动机烧瓦、拉缸等事故,因此发动机机油压力过低时,应及时进行检修。

产生机油压力过低的主要原因有以下几个方面。

① 机油泵方面,主要原因有机油泵磨损,导致间隙增大,泵油能力下降;机油泵限压阀调整不当,或者弹簧折断,导致限制压力过低。

② 油道存在堵塞现象,如机油滤清器保养不及时产生堵塞等。

③ 机油存在泄漏现象,如曲轴轴承间隙过大,导致大量机油从间隙处泄漏;主油道存在泄漏等。

④ 机油黏度过小,如机油内进入冷却液、柴油等。

⑤ 机油质量不佳,导致发动机温度升高后,机油黏度迅速下降。

(2) 机油消耗严重

机油消耗严重,可能存在发动机烧机油现象,此时,伴有发动机排气管排蓝

烟现象；也可能是发动机存在漏油现象。

(3) 机油内进水、进油

油底壳内机油量的增加，可能有两方面原因：一是机油内进入冷却液，主要是汽缸垫烧蚀、缸套穴蚀严重穿孔、缸套密封圈失效、机油散热器损坏等原因造成；二是柴油进入机油，主要是通过喷油泵、输油泵等处进入。液压泵的液压油也有可能通过正时齿轮室进入油底壳内。

7.4.2 润滑系统的检修

润滑系统的检修主要是机油泵的检修。将机油泵拆卸下来后，应对轮齿啮合间隙、泵体间隙、齿轮端面与泵盖之间的间隙和泵轴间隙等进行测量。即便有一项不合格，也应更换相应零部件。集油泵装合后，可以在试验台上对机油泵的泵油量和泵油压力进行检查。机油泵的泵油压力可以通过调整限压阀弹簧弹力进行调整。

7.4.3 润滑系统的维护

润滑系统的维护工作内容主要有：经常检查发动机机油油面的高度，发现高度不足时，应及时补充机油。按时更换滤芯、机油等。一定要按厂家要求，使用规定型号的润滑油。如果发现机油压力过低、机油消耗严重、发动机油底壳内机油量增加等现象时，一定要及时诊断，查明原因，并及时检修。

项目八

柴油机的检验与维护

8.1 柴油机技术状况的变化

8.1.1 评价柴油机技术状况的参数

（1）柴油机的技术状况

柴油机的技术状况是指定量测得的，表征某一时刻柴油机外观和性能参数值的总和。

（2）柴油机技术状况的诊断参数

可以作为柴油机技术状况的诊断参数有很多，主要有以下这些：

① 柴油机的功率和各缸做功能力；
② 柴油机的最高转速；
③ 柴油机的燃料消耗量；
④ 汽缸的密封性能；
⑤ 配气相位；
⑥ 机油压力；
⑦ 柴油机燃料供给系统的各项参数；
⑧ 机油检测与分析参数。

8.1.2 柴油机技术状况的变化规律

随着汽车行驶里程的增加，柴油机的技术状况会逐渐变坏，其症状如下所述。

① 由于发动机功率与最高转速的下降，导致汽车的最高行驶速度下降，加速时间与加速距离增加，低速挡使用时间增加；
② 发动机的燃料与润滑材料消耗显著增加；
③ 柴油机冒黑烟、冒蓝烟现象严重；

④ 柴油机排放有害气体严重超标；
⑤ 柴油机启动困难；
⑥ 柴油机出现异响。

产生上述症状的主要原因是由于柴油机磨损使得各部件间隙增大，出现密封不严、配合性质改变、行程失调等故障所致。可以利用测量仪器对一些参数进行测量，再将测量结果进行分析后，得出柴油机技术状况的好坏程度。

8.2 利用发动机综合性能测试仪对柴油机进行检测

利用发动机综合性能测试仪，可以在柴油机运转状态下，对柴油机的一些重要参数进行检测与测量。

8.2.1 发动机综合性能测试仪的使用

发动机综合性能测试仪可以对运转中的发动机进行动态检测，它通过各种测试传感器，将发动机的被测参数转变成电信号，以波形或者数字的方式显示出来。

8.2.2 柴油机使用功率的测量

使用功率测量又叫无负荷功率测量，是通过测量柴油机空转时的加速时间，计算出柴油机的输出功率。柴油机在空转加速时，其加速阻力主要由柴油机自身的转动惯量造成的。当柴油机输出功率下降时，克服同样转动惯量需要的加速时间增加，瞬时加速度下降。因此，通过测量柴油机加速踏板完全踩下时，从怠速加速到某一转速时最大瞬时加速度和加速时间，可以判断柴油机输出功率的大小。当瞬时加速度下降，加速时间延长时，说明柴油机的输出功率下降。

8.2.3 柴油机各缸做功能力的测量

可以通过两种测量方法进行柴油机各缸做功能力的测量：
① 通过断油等方式，使一个汽缸不工作，测量柴油机的使用功率。将测量结果与柴油机全部汽缸工作时的使用功率进行比较，判断出该汽缸的做功能力。
② 测量单缸转速降。柴油机在某一转速时，将一个汽缸断油，测量断油后发动机转速的下降量。根据发动机转速下降值的大小，判断该缸的做功能力的大小。

依次对全部汽缸进行测量，即可得到每一汽缸的做功能力。

8.2.4　柴油机汽缸压力的测量

通过测量柴油机启动电流的大小，可以判断柴油机的汽缸压缩压力。启动时，起动机带动柴油机曲轴旋转，起动机的电流大小与柴油机的启动阻力有关。汽缸处于压缩行程时压缩阻力的作用，使得启动电流在压缩行程时显著增大。因此，启动电流曲线为波浪曲线，每一个波峰代表一个汽缸的压缩行程。根据发动机做功顺序，可确定每一个波峰代表的汽缸。根据各缸压缩行程启动电流的大小，可以判断出各汽缸压缩压力的大小。

8.2.5　柴油机喷油时间的测量

将压力传感器安装于柴油机第一缸的高压油管上，可以测量出第一缸的喷油时间。通过与发动机转速的对比，可以测量出喷油提前角。

8.2.6　柴油机喷油压力的波形分析

将分析仪压力传感器安装于各缸的高压油管上，传感器将高压油管压力转变成为电压力信号波形在分析仪显示器上显示出来。波形随凸轮轴转角而变化，分成单缸喷油波形和多缸喷油平列波形。单缸喷油波形反映该缸喷油全过程，多缸喷油平列波形可对各缸喷油状况进行比较。柴油机常见喷油故障波形见表 8-1。

表 8-1　柴油机常见喷油故障波形

序号	故障波形	故障现象与成因
1		喷油泵没有喷油，或者喷油器针阀卡死而不能开启
2		喷油器针阀关闭"咬死"
3		喷油器喷油前滴油
4		高压油路封闭不严
5		有时不喷油或者隔次喷油，造成残余压力线上下抖动
6		喷油器针阀打开压力调整过高，使喷油时间延迟

P_0—喷油器针阀开启压力；P_{max}—喷油器最高喷油压力

8.3 柴油机汽缸的密封性检查

8.3.1 汽缸压缩压力的测量

检查发动机汽缸的压缩压力，是一种简单、常用的汽缸密封性检查方法，可以对发动机的许多故障进行诊断。

（1）汽缸压力表

汽缸压力表是一种带单向阀的压力表，设有放气按钮。压力表有两种：一种为橡胶测头，测量时将测头用力顶住喷油器安装孔来进行测量；另一种为螺纹结构测头，测量时通过螺纹连接，将测头固定于喷油器安装孔上。

（2）测量方法

测量前，发动机应达到正常工作温度，发动机熄火后，拆下全部喷油器。将压力表与一个汽缸喷油器孔连通，用起动机带动发动机曲轴以 500 r/min 的转速转动 3~5 s 后，读出压力表的读数。每个汽缸测量不少于 2 次，取平均值作为测量结果。测量依次进行，直到把全部汽缸测量完毕，如图 8-1 所示。

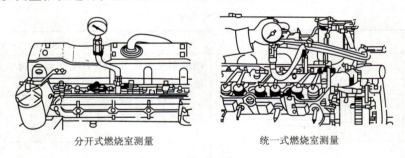

分开式燃烧室测量　　　　　统一式燃烧室测量

图 8-1　汽缸压缩压力的测量

（3）汽缸压缩压力的标准

汽缸压缩压力的大小，说明了汽缸的密封程度，能反映出是否存在漏气、是否积碳严重。要求汽缸压缩压力不得低于原厂规定的 20%；各缸的压力差不得大于 8%。

（4）测量结果分析与鉴别诊断

若全部汽缸测量结果均高于原厂规定，可能是汽缸内零部件积碳严重、汽缸垫过薄、缸盖平面修磨过甚所致。

若全部汽缸的测量结果低于原厂规定，则从喷油器孔向汽缸内注入 20~30 mL 机油，重新测量汽缸压力。若测量结果高于第一次测量结果，说明汽缸与活塞磨损过甚；若两次测量结果基本一样，可能是气门密封不良或者缸垫密封不良所致。

若个别或者少数汽缸测量结果偏低，可能是活塞环对口、断环、活塞环卡死或者拉缸所致。此时，加入机油重新测量后，看结果有无变化。

若相邻两缸的测量结果偏低，多为缸垫密封不严甚至缸垫烧蚀所致。

8.3.2 汽缸漏气量的测量

当汽缸压缩压力偏低时，测量汽缸漏入曲轴箱的漏气量的多少，可以判断是否由于汽缸与活塞之间密封不严而造成漏气的。

将气体流量计安装于曲轴箱加机油口处，堵塞曲轴箱其他与外界大气相通之处，测量出从曲轴箱窜出的气体量的大小，继而分析出汽缸与活塞的密封情况。

8.3.3 进气管真空度的检测

对于非增压发动机可以通过真空表对进气管的真空度进行检测。当发动机汽缸与活塞磨损、配气机构技术状况不良时，会对进气管真空度产生影响。

将真空压力表接于进气管，让发动机处于运转状态，在发动机不同转速及工况下，读出真空表读数，并对测量结果进行分析。

8.3.4 进气管增压压力的检测

测量增压柴油机增压器输出口气压的大小，可以判断增压器的工作情况。在柴油机全负荷额定转速时进行测量，若气压达不到规定值，说明增压器工作不良。

8.4 柴油机磨损与损伤的诊断

8.4.1 利用工业内窥镜检查汽缸损伤

发动机使用不当或者修理不当容易造成发电机拉缸现象，即在汽缸壁上出现深浅不一的沟槽或者划痕，严重影响发动机的使用。出现拉缸现象时，必须进行修理。不严重的拉缸，可以用砂纸将划痕打磨平，更换一组新活塞环；严重的拉缸，必须用修理尺寸法进行修理，或者更换缸套。

通过汽缸压缩压力的测量、异响的诊断等，可以对拉缸做出初步诊断。用工业内窥镜可以对拉缸的具体情况做出进一步的诊断。

拆下喷油器，将工业内窥镜的测量探头插入喷油器孔内，打开冷光源，转动镜体，对汽缸壁进行仔细观察。如若需要，可以对观察结果进行拍摄。

8.4.2 曲轴轴颈与轴承磨损的检查

曲轴轴颈与轴承产生磨损时，会使发动机机油压力下降，轴承与轴颈之间由于间隙过大而产生异响。此时，将发动机油底壳拆下，测量曲轴的间隙。

(1) 径向间隙测量

采用塑性规进行测量。拆下曲轴的一个主轴承盖，把轴颈、轴承擦干净，将塑性规与轴颈平行放置于轴颈上，装上轴承盖，按规定力矩将轴承盖固定螺栓拧紧。松开固定螺栓，取下轴承盖，将塑性规标尺与压扁了的塑性规宽度对比，即可获得轴承径向间隙。

若轴承间隙超标不严重，轴颈表面没有损伤，则可以更换一组轴瓦修理；若轴承间隙超标严重，或者轴颈失圆，轴颈表面存在损伤，则应对曲轴进行修理尺寸法修理，或者更换新曲轴。

(2) 轴向间隙测量

若曲轴止推片磨损严重，则会使曲轴轴向间隙增大，产生过大的轴向移动，从而影响发动机的正常使用。对曲轴轴向间隙进行测量时，用撬杠前后撬动飞轮，观察曲轴的前、后移动量。也可将百分表架在飞轮壳上，百分表测头顶住曲柄，撬动飞轮的同时，观察百分表的读数。

8.4.3 发动机润滑油油样分析

实时掌握发动机主要零部件的磨损过程与磨损程度，既可以有效防止由于磨损产生的后果严重的突发故障，还可以合理安排维修计划。对发动机润滑油进行定期检验与分析，分析润滑油中金属的含量，可以间接地了解发动机的磨损情况。使用润滑油分析技术与方法有很多，下面介绍一些简单实用的方法。

(1) 铁含量分析

由于活塞环、汽缸、曲轴等的磨损产物中主要为铁，因此定期采集润滑油，分析润滑油中的铁含量和铁含量增加的速度，就可以间接了解活塞与汽缸、曲轴与轴承的磨损程度与速度。

(2) 铁屑形状分析

采集润滑油，制成润滑油玻片，烘干后置于显微镜下，分析铁屑形态。对于润滑正常产生的铁屑，应该是厚度为1微米以下的滑动磨损残渣；若出现带状大块铁屑，则为润滑不良或者载荷过大造成的；若出现大颗粒剥落状铁屑，则为载荷过高、滑动速度过大造成的。

(3) 金属含量分析

利用光谱分析技术，定量分析润滑油中各种金属的含量，可以确定对零部件的磨损情况。如润滑油样品中的铝含量增多，很可能是活塞磨损过甚造成的。

8.5 柴油机综合性故障的诊断

发动机各主要部件磨损严重，发动机的技术状况恶化后，会产生发动机动力不足、不易启动、冒烟严重、机油消耗严重、产生异响以及发动机过热与机油压力过低等故障。

8.5.1 发动机动力不足

发动机动力不足时，除燃料系统的原因外，发动机本身的原因主要有以下这些：

① 发动机活塞与汽缸间隙磨损过大，导致进气量不足（汽缸内真空度不够），压缩过程中，大量气体漏失导致气量进一步减少、活塞环断环、活塞环对口或者拉缸，会使发动机的动力性突然下降。

② 气门密封不严、配气相位不准确，也会造成发动机的动力不足，后者还会伴随发动机过热现象。

8.5.2 发动机不易起动

发动机不易起动的主要原因，是由于汽缸漏气，导致压缩终了汽缸内的温度与压力过低，使混合气不能正常燃烧，从而发动机不能正常起动。

8.5.3 发动机冒烟严重

按发动机排出的烟色，分成白烟、黑烟和蓝烟3种。除燃料系原因外，可能有以下原因。

（1）发动机排白烟

发动机压缩终了汽缸内温度与压力不足，导致发动机冷启动时，燃料由于温度低、雾化蒸发不良而排放白烟；发动机各部件松动和磨损，使得汽缸有轻微进水现象。

（2）发动机排黑烟

发动机排黑烟多为燃烧不完全所致，如压缩终了温度与压力偏低，使得柴油雾化蒸发不良，燃烧速度减慢，燃烧不完全，产生大量黑烟；发动机由于磨损导致动力性下降，发动机不得不处于超负荷状态，从而产生大量的黑烟。

（3）发动机排蓝烟

发动机废气中的蓝烟，为机油燃烧所致，多为活塞与汽缸之间的间隙过大，使曲轴箱内的机油大量进入汽缸被烧掉。

8.5.4　发动机机油消耗严重

发动机正常使用中，由于存在蒸发，会有机油损失的现象，但损失极小；如果短时间内，机油大量损失，可能有以下原因：

大量机油进入汽缸被烧掉；增压器磨损变形严重，导致大量的机油泄漏；发动机存在其他机油泄漏之处。

8.5.5　发动机异响

由于磨损导致的间隙增大，以及零部件松动、变形等，使得零部件之间由于碰撞、振动而产生异响，有些在以前的章节中已经叙述。还有一些异响应注意：

（1）发动机运转中突然出现较大异响

发动机运转中突然出现较大异响，往往是由于机件断裂或者其他损坏等原因造成，如气门断裂、气门座圈断裂、气门弹簧断裂、正时齿轮损坏造成气门打坏活塞、连杆螺栓松动断裂造成活塞顶缸或者连杆轴承盖脱落等。上述故障后果大都很严重，应立即停车进行检修。

（2）发动机活塞顶缸响

活塞顶缸响，可能的原因有：连杆螺栓松动，导致活塞上止点位置过高，活塞顶撞击缸盖而响；配气正时不准确，导致气门启闭时间不对，活塞顶与气门撞击而响。发生异响时，应进行仔细诊断。若是一个汽缸响，可能是连杆螺栓松动的原因；若是全部汽缸响，可能是配气相位不正确所致，应检查正时齿轮的啮合标记，检查正时齿轮是否存在打齿现象等。

（3）发动机敲缸响

除活塞与汽缸的间隙过大外，喷油器雾化不良、各缸喷油量不一致和喷油器滴漏等燃料系统原因会造成敲缸响；汽缸产生拉缸、活塞环粘环等故障时，也会产生类似敲缸响的窜气响等。由于上述原因造成的敲缸响，可用单缸断油的方法诊断出产生响声的汽缸，同时检查汽缸的压缩压力、喷油器的喷雾质量，以便对故障部位与原因做出正确诊断。

8.5.6　发动机过热与机油压力过低

（1）发动机过热

除冷却系统的原因外，配气相位不正确、燃烧速度过慢等原因也会造成发动机过热。

（2）发动机机油压力过低

发动机机油与压力过低，除润滑系统的原因外，主要由于发动机各部位因磨损产生的间隙过大造成的，尤其是曲轴轴承间隙过大，会造成主油道内的润滑油的大量泄漏，使机油压力下降。

8.6 柴油机维护

汽车维护的基本任务就是采集相应的技术措施，预防故障的发生，避免汽车的损坏。我国对汽车采取预防维护的措施，将汽车维护分成日常维护、一级维护、二级维护和特殊维护等4级。日常维护由驾驶员负责执行，一级与二级维护由专业维修工负责进行。每级维护都有规定的维护周期和作业内容。

8.6.1 各级维护的作业内容

（1）日常维护

日常维护由驾驶员负责进行，主要作业内容是：清洁、补给和安全检视等。

（2）一级维护

一级维护由专业维修工进行，除执行日常维护的作业内容外，以清洁、润滑、紧固作业为主，并检查有关制动、操纵等安全部件等。

（3）二级维护

二级维护由专业维修工负责进行，除一级维护作业内容外，以检查、调整为主，并拆解轮胎，进行轮胎换位。二级维护前，应进行必要的检测诊断和技术评定，根据检测结果，确定附加作业项目，结合二级维护一并进行。

一级维护和二级维护属于定期强制性维护，按行驶里程规定，定期强制进行。

（4）特殊维护

特殊维护主要有走合期维护和换季维护等。

（5）汽车主要维护作业分类

汽车主要维护作业有以下几类：

① 打扫、清洁和外表养护作业，即主要对汽车外表进行打扫、清洗和维护。

② 检查与紧固作业。检查汽车各总成与机件的外表，紧固各连接部位的螺栓。

③ 检查调整作业。检查汽车各总成、机构的技术状况，进行必要的调整。

④ 电气作业。对汽车电器与电子控制系统进行维护作业。

⑤ 润滑作业。清洗发动机润滑系统的油路，更换与添加润滑油，更换滤清器滤芯，对定期润滑部位通过加注润滑脂的方式进行润滑。

⑥ 发动机燃料供给系统作业。更换与清洁空气滤清器滤芯、燃油滤清器滤芯等。

⑦ 轮胎作业。进行轮胎换位等。

8.6.2 汽车厂家的维护制度

目前，各汽车厂家根据各种产品情况，制定了各自的维修制度。对汽车进行维护时，应按照制造厂的维护制度进行。斯太尔汽车柴油机的维护制度如下。

（1）汽车的使用条件

汽车的各级维护周期的长短，不光与行驶里程有关，还与汽车的使用条件有关。按汽车使用条件分类，可分成Ⅰ类、Ⅱ类和Ⅲ类。年行驶里程不足20 000 km 或年工作小时不足 600 h 的，为Ⅰ类；年行驶里程不到 60 000 km 的，为Ⅱ类；年行驶里程超过 60 000 km 的，为Ⅲ类。

汽车的使用条件决定了汽车的维护周期和每次维护的作业项目。

（2）维护周期

维护周期规定了不同使用条件下，柴油机第一次检查、例行检查、一级维护、二级维护、三级维护和四级维护的周期。

（3）柴油机的换油周期

根据柴油机的不同使用条件，规定了柴油机的换油周期。

（4）柴油机的维护规范

维护规范规定了各类维护作业的作业周期，即每次维护时的具体作业内容。常见维护作业项目有以下这些：

① 更换柴油机机油，更换机油滤清器滤芯；
② 检查、调整气门间隙；
③ 检查喷油器喷油压力，更换柴油滤清器，清洗燃油泵粗滤器；
④ 检查并加足冷却液，更换冷却液，紧固冷却管路管夹；
⑤ 紧固进气管、软管和突缘连接件；
⑥ 检查空气滤清器保养指示灯，清洗空气滤清器集尘杯，清洗空气滤清器滤芯，更换空气滤清器滤芯；
⑦ 检查紧固 V 形带；
⑧ 检查增压器轴承间隙；
⑨ 在喷油泵试验台上检查喷油泵；
⑩ 检查调整离合器行程和钢丝绳状况；
⑪ 调整怠速。

思 考 题

1. 柴油机由哪些机构与系统组成？各机构与系统的主要工作过程是怎样的？
2. 四冲程柴油机的工作原理是怎样的？
3. 解释名词术语：上止点、下止点、发动机排量、压缩比、活塞行程、燃烧室容积。
4. 曲柄连杆机构由哪些零件组成？
5. 怎样对汽缸、活塞进行测量？
6. 如何检验、装配活塞环？
7. 如何测量汽缸体、缸盖的平面度？
8. 配气机构由哪些零件组成？
9. 为什么设气门间隙？
10. 气门间隙的测量与调整应在什么状态下进行？
11. 柴油机燃料供给系统由哪4部分组成？
12. 柴油机的可燃混合气是在何处形成的？
13. 按照喷油器的结构形式，可把喷油器分为哪两大类？
14. 喷油泵的功用有哪些？
15. 按调速器起作用的速度范围分成哪两种类型？
16. 柴油机燃料供给系统有哪几条油路？分别经过哪些总成及零部件？
17. 什么是柱塞行程？什么是柱塞有效行程？
18. 喷油器的结构是怎样的？
19. 什么是喷油泵的速度特性？
20. 造成柴油机动力不足的原因是什么？如何进行诊断？
21. 柴油机冒烟严重的原因有哪些？
22. 电控柴油机燃料系统的优点有哪些？
23. 电控高压共轨柴油系统主要由什么组成？
24. 柴油机冷却系统由哪些主要总成组成？
25. 冷却系统常见故障有哪些？怎样诊断？
26. 水泵的检修项目有哪些？
27. 柴油机润滑系统主要由哪些总成组成？
28. 机油压力过低的主要原因有哪些？
29. 柴油机技术状况变坏后的主要症状有哪些？